ANGELIKA LANG

Vögel füttern

Liebe Leserin, lieber Leser,

immer mehr Menschen entdecken ihre Liebe zur Natur, zu den kleinen und großen Wundern am Wegesrand, im Garten, auf Wiesen und Feldern, an Bächen und Flussläufen oder im Wald. Man kann bei ihrer Betrachtung den Alltag abstreifen, staunend verweilen und sich in ihrer augenfälligen Schönheit verlieren. Sie führt uns zu uns selbst zurück und erinnert uns daran, dass sie wegen ihrer Zerbrechlichkeit schützenswert ist und unserer Fürsorge und Verantwortung bedarf.

Mit dem Naturführer, den Sie in Ihren Händen halten, können Sie diesen Wundern der Natur auf Augenhöhe begegnen. Er macht Sie mit den häufigsten Vogelarten vertraut, die Sie das ganze Jahr über rund ums Haus antreffen und zeigt Ihnen, wie Sie diese Vögel aus unmittelbarer Nähe erleben können. Dabei sollten Sie einige wichtige Grundregeln beachten, aber auch um die ökologischen Zusammenhänge wissen, damit Sie einen artgerechten Beitrag zum Vogelschutz leisten können. Dieser ist vor allem in der kalten Jahreszeit notwendig, kann von Ihnen aber langfristig weit sinnvoller und nachhaltiger durch die Anlage eines naturgerechten, vogelfreundlichen Gartens entrichtet werden, weil viele Vogelarten durch die ausgeräumte Kulturlandschaft und veränderte Bewirtschaftungsformen in der Landwirtschaft ihre Nahrungs- und Rückzugsgebiete verloren haben.

Dazu vertieft unser Naturführer Ihre Artenkenntnisse und porträtiert alle populären Arten in Text und Bild. Die kleinen Geschichten, die wir dabei erzählen, werden sich nachhaltig in Ihre Erinnerung einprägen – damit sie von Ihnen weitergegeben werden.

Mit herzlichem Gruß

Georg Kessler
Der Herausgeber

Vögel füttern

Vögel ums Haus, das ganze Jahr

Vögel sind anmutige Geschöpfe, die uns mit ihrem prächtigen Gefieder und ihrem Gesang faszinieren. Wir beobachten voller Interesse ihr Verhalten bei der Partnerwahl, beim Nestbau, bei der Aufzucht ihrer Jungen oder bei der Futtersuche. Gerade im Winter kommen sie uns bei ihrem Stöbern nach Nahrung viel näher als im restlichen Jahr. Gern möchten wir sie dann mit artgerechtem Futter unterstützen.

IST HILFE FÜR DIE VÖGEL NÖTIG?

Viel Hilfe benötigen die Vögel im Winter normalerweise nicht, denn sie haben sich in unseren Breiten im Lauf der Evolution an den Wechsel der Jahreszeiten angepasst und wirkungsvolle Strategien entwickelt, um zu überleben. Die winterliche Kälte können sie beispielsweise dank ihres Federkleids, das wie eine Isolationsschicht wirkt, gut ertragen. Dieser Effekt wird noch verstärkt, wenn die Vögel

ihr Gefieder aufplustern, da die Luft zwischen den Federn zusätzlich als Kältedämmschicht wirkt (siehe auch Seite 14).

Was die Nahrung betrifft, so haben sich bei den Vogelarten unterschiedliche Strategien entwickelt, um den Winter zu überstehen:

- Insektenfresser ziehen in wärmere Gegenden der Erde, wo sie weiterhin ihre typische Nahrung finden.
- Die Vegetarier unter den Vögeln sind vom winterlichen Nahrungsengpass nicht so stark betroffen, weil sie von pflanzlichem Material leben, das ganzjährig zur Verfügung steht.
- Einige Vogelarten, etwa Ammern, die während der warmen Jahreszeit von tierischen und pflanzlichen Produkten leben, stellen im Winter ihren Stoffwechsel um und fressen nur noch verfügbare pflanzliche Nahrung.

Eines ist allerdings klar: Der Tisch ist im Winter nicht so reichlich gedeckt wie im Sommer.

Aufgeplustert trotzt ein Schwarm Bergfinken der winterlichen Kälte.

VOGELFÜTTERUNG HEUTE

Über das Wann und Wieviel der Fütterung debattieren Naturschützer, Ornithologen und Vogelfreunde seit vielen Jahren. Zu Sinn und Unsinn der Vogelfütterung existieren verschiedene Meinungen: Die einen vertreten die Ansicht, man solle im Frühjahr und auch in milden Wintern das Füttern einstellen, denn dann fänden die Vögel genug Nahrung in der Natur, von anderer Seite heißt es, man solle

Was braucht man zur Beobachtung?

Vögel am Futterhaus zu beobachten kann zu einem schönen Hobby werden. Wer offenen Auges nicht nur in ländlichen Gebieten, sondern auch in städtischen Parks unterwegs ist oder sich einfach im eigenen Garten umschaut, kann viel Interessantes entdecken. Um Vögel zu beobachten, braucht man nicht viele Hilfsmittel. Steht das Futterhaus nicht weit vom Fenster, kann man bereits mit dem bloßen Auge die Tiere erkennen. Liegt der Futterplatz etwas weiter weg, braucht man ein Fernglas. Für den Einsteiger reicht ein Fernglas mit den Werten 8 x 30 oder 10 x 40. Die erste Zahl gibt dabei die optische Vergrößerung wieder, Sie sehen den Vogel also 8- bis 10-mal größer als in Wirklichkeit. Gläser mit einer solchen Vergrößerung sind noch relativ leicht, man ermüdet nicht so schnell und verwackelt dadurch nicht, auch wenn man längere Zeit beobachtet. Bei der zweiten Zahl handelt es sich um den Objektivdurchmesser (hintere Linsen des Fernglases), angegeben in Millimeter. Je größer das Objektiv ist, desto mehr Licht fällt in das Glas und desto brillanter sehen Sie den Vogel. Bei gleicher Vergrößerung ist das Glas mit dem größeren Objektivdurchmesser in der Dämmerung oder bei schwächerem Licht leistungsfähiger. Größer als 50 mm sollte das Objektiv allerdings nicht sein, sonst wird das Fernglas zu schwer.

Neben dem Fernglas ist auch ein Bestimmungsbuch wichtig, damit Sie die einzelnen Vogelarten erkennen können, die am Futterhäuschen oder im Garten auftauchen. In diesem Buch finden Sie all die Vertreter, die relativ häufig dort zu sehen sind.

das ganze Jahr über füttern, weil es in der heutigen Zeit nicht genug Nahrung für die Gefiederten gebe. Welche Meinung die richtige ist, muss jeder Vogelfreund für sich selbst entscheiden. Im Folgenden die wichtigsten Grundsatzargumente für und gegen beide Meinungen.

Die Blaumeise ist ein regelmäßiger Gast an Fütterungen.

Gründe, die gegen eine Fütterung sprechen

- Von der Fütterung profitieren nur die Arten, die bei uns sowieso relativ häufig vorkommen. Das heißt, man betreibt keinen praktischen Naturschutz, wenn man Vögel im Winter füttert. Auf ganz Deutschland bezogen ist dieses Argument sicherlich richtig. Bei uns brüten etwa 250 Arten. Davon kommen höchstens zehn Prozent regelmäßig an die Fütterungen in Gärten und Parks. Dies sind Arten, die sich an die Nähe des Menschen gewöhnt haben und gelernt haben, mit ihm zu leben.
- Der Rückgang seltenerer Arten kann mit Fütterung nicht aufgehalten werden, da sie nicht unter Nahrungsmangel, sondern unter der Zerstörung ihres Lebensraumes und unter Umweltgiften leiden. Diesen Vögeln können Sie weit mehr helfen, wenn Sie Ihren Garten naturgerecht gestalten (siehe Seite 52) oder wenn Sie Mitglied in einer der Organisationen werden, die sich für den Erhalt naturnaher Lebensräume und damit für den Schutz der bedrohten Tier- und Pflanzenwelt einsetzen.
- An nicht fachgerecht bestückten Fütterungen können sich Krankheiten unter den Vögeln verbreiten, etwa Salmonellose (siehe Seite 42). Um dies zu verhindern, gilt es, auch bei Fütterungen einige Regeln einzuhalten. Mehr dazu lesen Sie ab Seite 38.
- Von der Winterfütterung profitieren nur Vogelarten, die in der kalten Jahreszeit im Brutgebiet bleiben. Die Sterblichkeitsrate, die normalerweise durch extreme Frostereignisse ansteigt, bleibt auf gleichem Niveau, die Vögel können im Frühjahr zeitig mit dem Brüten beginnen. Wenn dann die Zugvögel aus dem Süden zurückkommen, sind alle Brutmöglichkeiten bereits besetzt. Einschränkend muss man dazu aber sagen, dass viele Zugvögel in unseren Gärten sowieso keine geeigneten Brutbedingungen vorfinden.

Gründe, die für die Fütterung sprechen

- Ein Futterhaus macht die Beobachtung der Tiere leicht und einfach, denn in der winterlichen Notzeit zieht es die Vögel geradezu magisch an. Durch das direkte Erleben bekommen die Beobachter, vor allem Kinder, einen Einblick in das Leben der Vögel. Sie lernen unterschiedliche Verhaltensweisen kennen, etwa dass sich manche Vogelarten im Futterhäuschen regelrecht »breitmachen«, andere dagegen lediglich schnell anfliegen, ein Körnchen nehmen und schon wieder weg sind. Durch regelmäßiges Beobachten kann man mit der Zeit die verschiedenen Vorlieben für Futter bei den einzelnen Vogelarten studieren und sehen, auf welche Weise sie es bearbeiten. Und man wird feststellen, dass es auch unter den Vögeln richtige Raufbolde und Softies gibt.
- Alte und junge Vogelfreunde bekommen einen Einblick in ökologische Zusammenhänge. Sie erkennen, dass alle Lebewesen in der Natur nicht nebeneinander, sondern miteinander leben. Zugleich lernen Kinder, durch das Füttern, Kontrollieren der Futterhäuschen oder Bereitstellen des Futters Verantwortung zu übernehmen.

Wer sieht als Erster einen neuen Vogel? Das gemeinsame Beobachten an Fütterungen hat nicht nur einen lehrreichen Effekt …

Durch das aufgeplusterte Gefieder macht der Amsel Kälte nicht viel aus.

Vielleicht erhalten sie ja dadurch den Anstoß, sich später einmal zu engagierten Natur- und Vogelschützern zu entwickeln. Dann hat sich das Füttern allemal gelohnt.

- Für viele Senioren oder Menschen, die nicht (mehr) so mobil sind, ist das Beobachten der Vögel am Futterhaus eine erfüllende Beschäftigung, die schöne Momente in ihr Leben bringt.
- Das Studium der Vögel am Futterhaus vertieft Ihre Artenkenntnis. Während Vögel bei der Futtersuche in Bäumen und Sträuchern geschäftig herumturnen und selten lange in der gleichen Position verharren, bleiben sie im Futterhaus schon mal längere Zeit sitzen. Dann kann man mithilfe eines Fernglases gut ihr Gefieder studieren und ihren Schnabel betrachten.

Fütterung das ganze Jahr?

Viele Vogelfreunde schreckten bisher vor der Ganzjahresfütterung zurück, weil sie fürchteten, den Tieren zu schaden. Hauptargument war dabei, dass die Jungvögel auf proteinreiche Insektennahrung angewiesen sind und Forscher durch die Sommerfütterung die Gefahr sahen, dass sie von den Eltern vor allem durch Körnerfutter aus dem Vogelhaus versorgt werden. Seit einigen Jahren hört man allerdings immer öfter von Ornithologen, dass man die Vögel das ganze Jahr über füttern kann. Es habe sich nämlich – unter anderem durch Beobachtungen in Großbritannien – herausgestellt, dass die erwachsenen Vögel ihre Jungen keineswegs mit Futter aus den Häuschen versorgten, sondern ihnen Insekten mitbrachten, während sie selbst ihren Hunger an den Fütterungen stillten.

Als weiterer gewichtiger Grund für die ganzjährige Fütterung wird angeführt, dass die Vögel in unserer ausgeräumten Kulturlandschaft,

Kohlmeisen werden zutraulich und nehmen Futter von der Hand.

wo abwechslungsreiche Heckenlandschaften und Brachflächen ständig im Abnehmen begriffen sind, auch im Sommer kaum noch Nahrung finden. Durch den Einsatz von Insekten- und Unkrautvernichtungsmitteln gibt es außerdem immer weniger Kerbtiere sowie Wildkräuter, deren Samen eine wichtige Nahrungsquelle für die Vögel darstellen. Negativ wirkt sich auch die frühe Mahd der Wiesen aus: Die Pflanzen werden abgemäht, ehe sie blühen. Dadurch fehlen Blüten, die Insekten anlocken würden, und Wildkräutersamen werden nicht mehr ausgebildet.

Fütterung von Wasservögeln

An vielen Seen in Parks und Friedhöfen sowie im Einzugsbereich größerer Städte stehen Schilder, die das Füttern der Wasservögel verbieten. Warum ist das so?

Wo viele Menschen Vögel füttern, ob in Parks oder an Schiffsanlegestellen, gewöhnen sich die Vögel daran. Sobald sie jemanden – egal

Ausnahmen bei der Fütterung – Beispiel Stadt

Außerhalb jeder Diskussion steht das Verbot, Stadttauben zu füttern. Ihre Populationen innerhalb von Städten haben so stark zugenommen, dass sie zu einem Problem geworden sind. Durch ihren Kot werden die Fassaden historischer Gebäude zerstört. Wo sie in Massen auftreten, können sich gefährliche Krankheitskeime ausbreiten. Deshalb ist in vielen Städten das Füttern von Tauben verboten und wird mancherorts sogar mit Geldbußen belegt.

ob Sommer oder Winter – mit Tüte sehen, kommen sie in der Erwartung auf etwas Fressbares angeschwommen. Viele Menschen interpretieren dieses Verhalten als Betteln aus Hunger. In Wirklichkeit ist es ein durch den Menschen antrainiertes Betteln aus Gewohnheit. Gerade Wasservögel finden ganzjährig in Seen und Flüssen genug Nahrung. Knapp wird sie nur in dem höchst seltenen Fall, dass alle Gewässer zufrieren.

Die Fütterung von Wasservögeln hat handfeste negative Auswirkungen auf die Wasserqualität kleinerer Gewässer wie Parkseen.

- Da nicht alles ins Wasser fallende Futter aufgenommen wird, sinken die Brocken auf den Gewässergrund. Durch die nun ablaufenden Zersetzungsprozesse wird dem Wasser Sauerstoff entzogen, der den anderen Lebewesen, vor allem den Pflanzen, fehlt. An kleineren Gewässern kann das dazu führen, dass die Wasserqualität so stark absinkt, dass der Teich oder Weiher »umkippt«.
- Wird das Futter an die Ufer der Seen und Teiche geworfen, laufen die Wasservögel darauf herum und setzen auch schon mal ihren Kot darauf ab. Stammt er von einem kranken Vogel, kann er auf diese Weise viele andere Vögel infizieren.

Ein Garten, der mit verschiedensten Fütterungen sowie Nistmöglichkeiten lockt, wird von Gefiederten zu allen Jahreszeiten besucht.

Gerangel um eine Scheibe Brot: An Wasservogelfütterungen geht es manchmal eng zu.

- Sammeln sich die Wasservögel an Stellen, wo sich viele Menschen aufhalten, etwa an einem beliebten Badestrand, können diese vollkommen verkotet werden. Das birgt auch Gefahren für Kleinkinder, wenn sie den Vogelkot aufnehmen.

Können Vögel frieren?

Beim Anblick von auf dem Eis stehenden Enten schaudert es viele Menschen, doch Vögel haben kein Problem mit kalten Füßen. Vögel sind warmblütige Lebewesen, besitzen also eine annähernd konstante Körpertemperatur. Um die Körpertemperatur aufrechtzuerhalten, müssen sich Wärmegewinn und -verlust ausgleichen. Sinkt die Außentemperatur stark ab, können auch Vögel frieren. Sie haben aber wirksame Mechanismen entwickelt, um ihren Wärmehaushalt konstant zu halten.

Um der Kälte zu trotzen, reduzieren die Vögel einerseits den Wärme- und Wasserverlust und steigern andererseits die Wärmeproduktion durch Verbrennen von Nahrung und durch Muskelbewegung (Kältezittern). Normalerweise wird die Körperwärme über die Hautoberfläche an die Luftschicht zwischen den Federn geleitet und durch Abstrahlung abgegeben. Je dicker diese Grenzfläche ist, desto schlechter wird die Wärme nach außen transportiert. Besonders wichtig ist diese isolierende Grenzfläche zwischen den Federn für Enten, Gänse sowie andere Schwimm- und Tauchvögel, da Wasser eine 24-mal höhere Wärmeleitfähigkeit hat als Luft.

Den Wärmeverlust reduzieren

- Über nackte, exponierte Organe wie Füße oder Schnabel können Vögel schnell durch Abstrahlung Wärme verlieren. Zusätzlich nimmt auch vorbeistreichende Luft (Wind) an diesen Körperstellen Wärme weg. Im Bereich des Unterschenkelknochens (*Tibiotarsus*) liegt das sogenannte Wundernetz (*Rete mirabile*). Hier verzweigen sich die fußwärts führenden Arterien und die körperwärts führenden Venen sehr stark und liegen dicht beieinander. In diesem Bereich findet ein Wärmeaustausch statt: Das warme Blut, das aus dem Körper in die Beine fließt, gibt seine Wärme an das kalte Blut ab, das aus den Füßen Richtung Körperinneres fließt. Der Effekt: Durch den Wärmeaustausch fließt gekühltes Blut weiter in die Füße und aufgewärmtes Blut wieder in den Körper zurück. Die Wasservögel verlieren dadurch keine Wärme über die nackten Füße.
- Auch durch das Gefieder können Vögel ihren Körper vor Kälte schützen, sie variieren dazu ihre Federstellung. Je kälter es wird, desto stärker plustern sie sich auf. Sie können dann aussehen wie ein kugelrunder Federball. Durch das Aufplustern des Gefieders vergrößern die Vögel die Dicke des Luftmantels zwischen den Federn. Zusätzlich kauern sie sich auf den Ast und ziehen dadurch die Beine in das aufgeplusterte Gefieder.
- Viele Vögel (etwa Gartenbaumläufer) bilden Schlafgemeinschaften, wodurch sie bis zu 80 Prozent Energie einsparen.
- Bei Kälte bewegen sich die Vögel kaum bis gar nicht mehr. Dadurch verlieren sie keine Wärme in Form von Bewegungsenergie.

Enten, die im Winter auf gefrorenen Flächen stehen, schützen sich durch ein Wärmeaustauschsystem in den Beinen davor, auf dem Eis festzufrieren.

WAS MAN ZUM FÜTTERN BRAUCHT

Um Vögel richtig zu füttern, ist es nicht damit getan, das Futter einfach auf den Boden zu streuen. Dort lauern viele Gefahren, etwa Katzen, auf die Gefiederten. Besser ist es, Häuschen oder besondere Behältnisse für das Futter zu verwenden. In der Natur haben sich die Vögel an die verschiedensten Arten des Nahrungserwerbs angepasst. Dies sollten wir auch bei der Bereitstellung der Futterspender bedenken und unterschiedliche Arten aufstellen.

Verschiedene Futterspender

Naturschutzorganisationen, Baumärkte, Gartencenter und andere Einkaufsmärkte haben ab Herbst eine reiche Auswahl an Futterspender in ihrem Sortiment. Informieren Sie sich vorab, welche Art sich für Ihre Verhältnisse im Garten, auf Balkon oder Terrasse eignet.

Futterhäuschen

Das Häuschen besteht aus einem Bodenbrett, Seitenteilen und einem Dach zum Schutz des Futters gegen Regen und Schnee. Erhöht angebracht, wird es von Vogelarten besucht, die auch in der Natur ihre Nahrung hoch in Bäumen und Sträuchern suchen. Dazu gehören

Ein Ausschnitt aus der Bandbreite von Fütterungen – für jeden Geschmack ist etwas dabei.

Ein klassisches Futterhaus auf Stelzen. Es lässt sich einfach umsetzen, wenn der Platz ungeeignet ist.

zum Beispiel die verschiedenen Meisenarten, Kleiber, Stieglitze, Erlenzeisige, aber auch Buntspechte.

Bei Futterhäuschen liegt das Futter für alle Vögel frei zugänglich auf der Bodenfläche. Es besteht die Gefahr, dass es durch Kot verschmutzt oder nass wird, deshalb müssen Sie es regelmäßig wechseln (siehe Seite 38).

Was das Aussehen betrifft, so finden Sie sicher ein Futterhaus, das Ihrem persönlichen Geschmack entspricht: Vom romantischen Holzhaus bis zum modernen Etagenbau ist alles erhältlich. Die bekannteste Form ist ein Holzhaus, das auf einem robusten Ständer befestigt ist. Dadurch lässt es sich einfach umsetzen, wenn ein Standort sich als weniger geeignet erwiesen hat.

Achten Sie darauf, dass das Häuschen an den Seiten möglichst offen gebaut ist. Vögel gehen ungern in einen geschlossenen Raum. Frei stehende Häuschen haben den Vorteil, dass die Vögel einen nahenden Feind frühzeitig kommen sehen und sich verstecken können. Mit Schürzen aus Metall oder anderen Vorrichtungen verhindern Sie, dass sich Eichhörnchen am Futter bedienen oder Katzen Jagd auf die Futterhausgäste machen. Dazu mehr auf Seite 43.

Die meisten Futterhäuschen werden an einer Wand oder einem Baum befestigt. Dazu sind stabile Aufhängungen nötig. Befestigen Sie die Fütterung aber nicht mit Draht am Baum. Dieser könnte mit der Zeit in die Rinde einschneiden und dadurch den Baum verletzen. Was Sie außerdem beim Aufhängen beachten müssen, lesen Sie auf Seite 59. Inzwischen gibt es sogar Häuschen aus Plastik, die mit Saugnäpfen an der Fensterscheibe befestigt werden. Dann ist die Beobachtung sogar von der Couch aus möglich.

Futterspender

Im Gegensatz zum Vogelhäuschen fällt beim Futterspender das Futter kontrolliert nach. Wird eine gewisse Menge an Körnern entnommen, rutscht die gleiche Anzahl nach. Da die Vögel nie mit ihren Füßen im Futter stehen, können sie es auch nicht durch Kot verschmutzen. Und weil der Spender nach allen Seiten geschlossen ist, wird das Futter selbst bei Regen nicht nass. Solche Futterspender kann man auch in ein konventionelles Holzhäuschen stellen, dann entfällt auch hier das Problem der Reinigung.

Eine besondere Form von Futtersäulen sind die Erdnussspender. Sie bestehen meist aus einem Zylinder aus Maschendraht, der mit Erdnüssen gefüllt wird. Daran können sich dann die Vögel hängen und

Meisenknödel in einem Metallkorb haben den Vorteil, dass die Vögel nicht mit ihren Zehen hängen bleiben, wenn sie schnell wegfliegen.

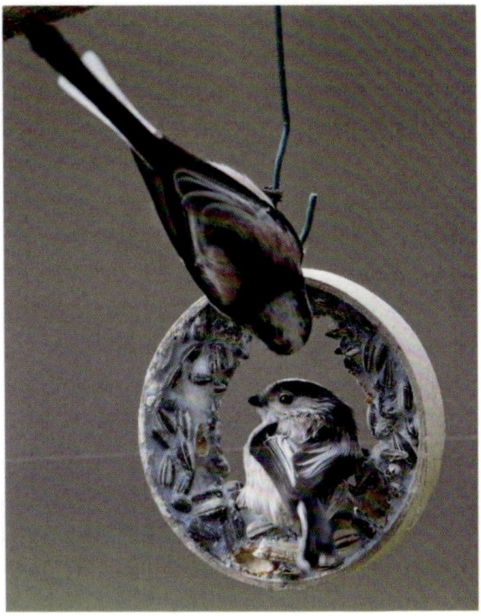

Schwanzmeisen – am Futterring so geschickt hangelnd wie im Geäst.

bedienen. Meisen erweisen sich bei dieser Technik als besonders geschickt, sie entspricht ja auch ihrer natürlichen Futtersuche.

Meisenringe & Co.

Als Fettfutter bezeichnet man Futtermittel, die besonders fetthaltig sind. Im Winter liefert diese Futterform den Tieren schnell große Mengen Energie. Deshalb wird Fettfutter auch von vielen Vogelarten gern akzeptiert. Fettfutter gibt es ab Herbst im Handel in verschiedenen Darreichungsformen, Sie können es aber auch selbst herstellen. Für Fettfutter gibt es verschiedene Aufhängevorrichtungen.

Am bekanntesten sind die Meisenknödel. Sie bestehen aus einem kugelförmigen Fett-Körner-Gemisch, das von einem dünnen Plastiknetz zusammengehalten wird. Letzteres kann sich allerdings als Gefahrenquelle erweisen, etwa wenn die Vögel sich darin mit ihren Krallen verhaken. Wollen die Tiere panikartig fliehen, weil ein Sperber im Anflug oder eine Katze auf dem Sprung ist, so haben die Angreifer ein leichtes Spiel.

Fettfutter wird auch in Ringen oder anderen Formen zum Aufhängen angeboten. In Blöcke gepresst, kann es in speziellen Drahtbehältnissen aufgehängt werden. Wie Sie eine Fettfutterglocke selbst herstellen, erfahren Sie auf Seite 64.

Haussperlinge suchen ihre natürliche Nahrung am Boden. Sie besuchen deshalb auch gern Bodenfutterstellen.

Obst und Früchte

Amseln und anderen Drosselarten ist es am liebsten, wenn Sie ihnen die Äpfel im Ganzen auf den Boden legen, denn dort suchen sie auch in der Natur ihre Nahrung. Außer ihnen gibt es noch weitere Vogelarten, die sich über Obst freuen, die aber ungern zur Futtersuche auf den Boden gehen, etwa Meisen. Für sie gibt es sogenannte Apfelhäuschen, die aus Holzplatten mit Loch in der Mitte und Dach bestehen. Im Loch befindet sich ein Spieß, auf den man den Apfel stecken kann. So ist sichergestellt, dass er nicht zu Boden fällt, selbst wenn sich mal ein schwerer Buntspecht daran versucht.

Bodenfutterstellen

Es gibt einige Vogelarten, die ihre Nahrung auf dem Boden suchen und deshalb selten oder nie erhöht angebrachte Futterhäuschen besuchen. Dazu zählen zum Beispiel Buchfinken, Heckenbraunellen, Stare oder Drosseln wie Amseln.

Wie Sie auf Seite 39 lesen können, ist es nicht gut, für diese Vögel das Futter nur auf den Boden zu streuen. Es kann nass werden und verderben oder durch Keime verseucht werden. Deshalb sollten Sie Futterhäuschen für diese Arten niedrig aufhängen oder eine sogenannte Bodenfutterstelle einrichten.

Verwenden Sie dafür am besten ein einfaches Holzbrett. Ein darüber angebrachtes Dach verhindert einige Zeit, dass Regen das Futter unbrauchbar macht. Von einem solchen Holzbrett muss regelmäßig altes und nass gewordenes Futter entfernt werden. Bevor Sie neues Futter ausbringen, sollten Sie das Brett säubern. Eine Bauanleitung für ein solches Futterbrett finden Sie auf Seite 62–63.

Im Handel gibt es verschiedene Bodenfutterspender. Sie haben den Vorteil, dass nur so viel Futter aus der Öffnung fällt, wie von den Vögeln entnommen wird. Wenn Sie verhindern wollen, dass größere Vögel wie Krähen oder Tauben ans Futter gelangen, stellen Sie einen Drahtkäfig über die Bodenfutterstelle. Die Maschenweite bestimmt die Größe der Vögel, die zum Spender gelangen können. Regelmäßig sollten Sie solche Fütterungen umsetzen, weil sonst das Gras darunter abstirbt und Sie unschöne Flecken in Ihrer Wiese bekommen.

Vogeltränke – Vogelbad

Neben dem Futter sollten Sie den Vögeln auch Wasser bereitstellen. Liegt im Winter Schnee, so ist Flüssigkeitsmangel meist kein Problem, denn die Vögel nehmen einfach etwas Schnee auf. Anders sieht es bei anhaltender Trockenheit oder Barfrost, also gefrorenem Boden ohne Schnee darauf, aus: Dann sind die Vögel dankbar für Wassertränken. Gibt es einen Teich in Ihrem Garten, kommen die Vögel sicher oft dorthin zum Trinken und nehmen dann auch gleich ein Bad. In Ermangelung eines Gartenteiches kann man auch eine

Amsel beim Trinken: Schnabel eintauchen, Kopf heben und das Wasser nach hinten rinnen lassen.

flache Schale mit Wasser aufstellen, sie wird ebenfalls gern als Bad und Tränke genutzt.

Geeignet sind nur Schalen aus schwerem Material wie Ton, Keramik oder Naturstein, die nicht gleich kippen, wenn sich ein Vogel auf den Rand setzt. Die Gefäße sollten leicht zu reinigen sein, damit sich keine Keime im Wasser bilden oder vermehren können. Entleeren Sie täglich das alte Wasser, und füllen Sie neues ein. Mehr zur Pflege erfahren Sie ab Seite 38. Achten Sie auf den Standort: Die Vogeltränke sollte nicht in unmittelbarer Nähe von Büschen aufgestellt werden, damit sich kein Vogeljäger unbemerkt anpirschen kann.

Einem Vogel beim Baden zuzusehen ist ein schönes Erlebnis. Meist setzt er sich ganz in die Schale, plustert seine Federn auf und schlägt dann mit den Flügeln. Dadurch verspritzt er so viel Wasser, dass auch sein Rücken benetzt wird. Zusätzlich taucht er immer mal

wieder etwas unter, sofern das Wasser tief genug ist. Nach dem Bad schüttelt er dann sein Gefieder, dass es nur so spritzt, und ordnet die Federn mit dem Schnabel.

Wasservogelfütterungen

Wie Sie auf Seite 12 gelesen haben, ist an vielen Stellen inzwischen das Füttern von Wasservögeln verboten. Das sind meist Bereiche, an denen sich auch viele Menschen aufhalten, also zum Beispiel Parkseen oder Badestrände an Seen. Außerhalb dieser Bereiche dürfen Sie Wasservögel immer noch füttern, dabei sollten Sie aber Folgendes beachten:

- **Werfen Sie das Futter nicht ins Wasser.** Alles, was die Vögel nicht fressen, verschmutzt das Wasser und beeinträchtigt die Qualität.
- **Verfüttern Sie nicht zu viel auf einmal.** Warten Sie, bis die Enten, Gänse oder Schwäne alles gefressen haben.

KAMPF AM FUTTERHAUS

Ein ständiges Kommen und Gehen oder besser An- und Abfliegen herrscht am Futterhaus. Einige Vogelarten holen sich nur rasch ein oder zwei Samen und fliegen dann sofort auf den nächsten Baum oder in einen Strauch, um sie dort zu verzehren. Andere lassen sich im Futterhaus häuslich nieder und wollen es erst wieder räumen, wenn sie sich satt gefressen haben. Vom Fenster aus kann man das Geschehen hautnah miterleben und das Verhalten der unterschiedlichen Vogelvertreter erleben: Welche Arten kommen und zu welcher Zeit? Wer streitet mit wem? Wer räumt für wen den Platz?

Der Stärkere siegt

Der Grünfink möchte am liebsten allein an der Fütterung sein. Um Konkurrenten zu vertreiben, öffnet er seine Flügel, hebt seinen Schwanz und droht anderen Futterhausgästen mit geöffnetem Schnabel, bis sie das Feld räumen. Dann ist er nicht mehr von der Fütterung wegzubringen, bis er seinen Hunger gestillt hat. Er weicht erst, wenn ein größerer Vogel erscheint, etwa ein Buntspecht. Befinden sich mehrere Grünfinken an einer Fütterung, geht es manchmal ebenfalls nicht ohne Drohen ab. Als Erstes müssen Jungvögel den älteren Vögeln weichen. Dann vertreiben die Männchen die Weibchen. Ein

Blaumeise gegen Kohlmeise: Räumt die kleinere Blaumeise nicht das Feld, kommt es zu Streitereien. Manchmal siegt sogar David über Goliath.

Der Grünfink hat erfolgreich andere Vögel von der Fütterung vertrieben. Er bleibt nun so lange, bis er satt ist.

ähnliches Verhalten kann man auch unter den Meisen beobachten. So vertreibt eine Blaumeise die kleinere Sumpf- oder Haubenmeise, und sie wird wiederum von einer größeren Kohlmeise verjagt.

Drohduelle

Hin und wieder kann man jedoch beobachten, dass ein kleinerer Vogel sich schlichtweg weigert, das Feld zu räumen. Dann kommt es zu sogenannten Drohgebärden, mit denen der andere eingeschüchtert werden soll. Meist machen sich die Vögel körperlich größer, indem sie ihre Flügel öffnen, ihren Schnabel aufsperren und auch drohende Fauchlaute von sich geben. Oft werden dabei auch bestimmte Gefiedermerkmale, wie Flügel- oder Schwanzabzeichen, zur Schau gestellt. Relativ häufig bieten zum Beispiel Blaumeisen den Kohlmeisen Paroli. Diese »Duelle« gehen aber meist unblutig aus, weil sie nach einem angeborenen Schema ablaufen und letztlich immer der Unterlegene weicht. Treffen zwei gleich starke Vögel aufeinander, entscheidet die Kondition über den Ausgang des Duells. Dann kann es auch zu Luftkämpfen kommen, bei denen sich die Vögel mit den Füßen ineinander verhaken und umeinander fliegen. Am Futterhaus sind solche Kampfszenen häufiger zu beobachten, wenn es nur diese eine Fütterung in der unmittelbaren Umgebung gibt. Sie können die Gefahr von Auseinandersetzungen verringern, wenn Sie mehrere Futterstellen anbieten, die weiter auseinanderliegen.

GEEIGNETES FUTTER FÜR VÖGEL

Ist im Winter die Natur in eine Ruhephase eingetreten, fällt es den Vögeln oft schwer, sich mit Futter zu versorgen. Da sie einen regen Stoffwechsel haben, benötigen sie viel Nahrung, um Energie für alle Lebensvorgänge bereitstellen zu können. Erschwerend kommt die Kälte hinzu, die Vögel müssen viel Kraft aufwenden, um ihre Körpertemperatur aufrechtzuerhalten und nicht zu erfrieren.

Unterschiedliche Nahrungsspezialisten

Im Lauf der Evolution haben sich die Vögel auf die verschiedensten Nahrungsquellen spezialisiert. Je nachdem, was sie bevorzugt fressen, spricht man von Körnerfressern, Insektenfressern bzw. Weichfressern, Fleischfressern oder Allesfressern.

Körnerfresser: So bezeichnet man Vogelarten, die sich überwiegend von pflanzlicher Kost, meist Samen, ernähren, aber auch tierische Nahrung nicht ablehnen. Die Jungvögel sind meist sogar auf tierische Proteine angewiesen. Gemeinsames Kennzeichen dieser Vögel sind ein kräftiger Schnabel und ein rundlich wirkender Kopf.

Insektenfresser: Die Vögel dieser Gruppe ernähren sich meistens von Insekten und anderen Stoffen tierischen Ursprungs. Gemeinsames Kennzeichen ist ein relativ dünner Schnabel, dessen Länge je nach Vogelart variieren kann, und ein flacher Kopf.

Körner – Nahrung mit hoher biologischer Wertigkeit

Was man umgangssprachlich als Körner bezeichnet, sind die Samen verschiedener Pflanzenarten, beispielsweise von Gräsern, Getreidearten und diversen Wildkräutern. Von solchen Körnern – man nennt sie auch Sämereien – ernähren sich Finken, Ammern, Sperlinge, Tauben oder Hühner. Diese Vogelarten sind in ihren anatomischen Gegebenheiten wie Bau des Schnabels oder Ausgestaltung des Magens auf die Körnernahrung eingestimmt. Samen sind ballaststoffarm und deshalb gut verdaulich, zugleich besitzen sie einen hohen Nährstoffgehalt, d.h., sie sind energiereich.

Ein Vogel muss möglichst leicht sein, um fliegen zu können. Auch aus diesem Grund ernähren sich Vögel im Wesentlichen von schnell verwertbarer und energiereicher Kost und nicht von grünen Pflanzenteilen. Von denen müssten sie nämlich riesige Mengen fressen, um an eine vergleichbare Menge von Nähr- und Vitalstoffen zu kommen

Achtung: Ambrosia

*Achten Sie stets darauf, dass sich auf den Vogelfutterpackungen der Vermerk »Ambrosiagetestet« befindet. Das Beifußblättrige Traubenkraut (*Ambrosia artemisiifolia*), auch Ambrosia oder Beifuß-Ambrosia genannt, ist ein einjähriger Korbblütler, der aus Nordamerika stammt. Für die Vögel sind die Pflanzen ungefährlich, doch die Pollen stellen alle Allergiker vor große Probleme, denn sie können heftige Asthmaanfälle auslösen. Schon der Hautkontakt kann zu allergischen Reaktionen führen. Da sie erst spät im Jahr blüht, verlängert sie die Allergiesaison. Die Ambrosia kam schon vor über 100 Jahren nach Europa, doch seit einiger Zeit verbreitet sie sich verstärkt bei uns – u. a. über Vogelfutter.*

wie bei den Körnern. Die meisten Samen sind von einer harten Schale (Spelze) umgeben, die für viele Vögel unnötiger Ballast ist und bereits vor dem Schlucken mit dem Schnabel entfernt wird. Doch auch die weitere Verdauung ist »arbeitsintensiv« (siehe ab Seite 32).

Vögel haben keine Zähne im Schnabel. Körnerfresser schlucken deshalb ihre Nahrung entweder im Ganzen bzw. sie zerquetschen sie oder zerkleinern sie vorher mit dem Schnabel. Ein Teil ihres Magens ist von einem Gewebe ausgekleidet, das wie eine Reibeplatte fungiert. Dieser Magen hat die Funktion unserer Zähne.

Auf die Inhaltsstoffe kommt es an

Nach ihren Inhaltsstoffen teilt man die Sämereien in mehlhaltige und ölhaltige Körner ein. Die mehlhaltigen sind reich an Kohlenhydraten, die ölhaltigen enthalten mehr Fett.

Das Wissen um diese Inhaltsstoffe ist wichtig, denn man kann nicht an alle Körnerfresser die gleiche Körnermischung verfüttern.

Kohlenhydratreiche Samen Dazu zählen Getreidearten, wie Hirse, Weizen und Hafer, Mais sowie Grassamen und Buchweizen. Kohlenhydrate werden im Darm zu Glukose umgewandelt, die dann dem Vogel als Energielieferant zur Verfügung steht. Kohlenhydrate, die der Vogel gerade nicht braucht, werden in Fett umgewandelt und gespeichert.

Die Samen von Gräsern und Wildkräutern sind besonders vitaminreich. Geeignet sind beispielsweise Löwenzahn, Kreuzkraut, Hirten-täschelkraut, Vogelmiere oder Gänsedistel.

Ölhaltige Samen Sie werden auch Ölsaaten genannt. Dazu gehören Sonnenblumenkerne, Mohn, Leinsamen, Rübsen, Nigersamen, Hanf, Nüsse oder Kürbiskerne. Durch ihren hohen Anteil an essenziellen Fettsäuren, aber auch als Energielieferant sind sie für die Vögel lebenswichtig. Zudem enthalten Ölsaaten relativ viel biologisch hochwertiges Protein mit einer für den Vogelkörper günstigen Zusammensetzung an Aminosäuren. Fett spielt als Speicher- und Reservestoff eine große Rolle. Durch den hohen Fettgehalt können Ölsaaten aber leicht ranzig werden.

Waldvogelfutter

Aus den angegebenen Saaten können Sie sich selbst eine Mischung zubereiten. Ist Ihnen dies zu viel Aufwand, gibt es im Handel ein vielfältiges Angebot an Sämereien. Im Zoofachhandel finden Sie zudem eine sogenannte Waldvogelmischung. Dieses Futter ist für in Volieren gehaltene Waldvögel geeignet und für wild lebende Körnerfresser.

Nüsse sind Kalorienbomben

Alle Nüsse haben einen relativ hohen Eiweißgehalt, der bei der Mandel mit 18 bis 20 Prozent so hoch wie der von Fleisch ist. Die

Verschiedenes Fettfutter: in einen Zapfen gestrichen (links), als Knödel in einem Metallkorb (rechts) ...

... als Knödel im Netz (links) oder in eine Kokosnuss gefüllt (rechts). Achtung: An Knödeln im Netz können die Vögel hängen bleiben.

biologische Wertigkeit der Eiweiße ist gut, denn sie enthalten eine für Vögel nützliche Zusammensetzung der Aminosäuren, den Grundbausteinen der Eiweiße.

Der Fettgehalt der Nüsse ist enorm hoch. Fette spielen wegen ihres hohen Energiewertes als Energielieferant, Speicher- und Reservestoff eine große Rolle. Zudem isoliert eine Fettschicht gegen Kälte. Die essenziellen Fettsäuren, die in Nüssen reichlich enthalten sind, sind unter anderem wichtig während der Brutzeit.

Bemerkenswert ist der Mineralstoffgehalt der Nüsse. Er liegt mit mehr als zwei Prozent höher als bei den meisten Früchten. Enthalten sind vor allem Kalium, Magnesium, Kalzium, Phosphor, Eisen und Schwefel. Mineralstoffe sind wichtig für den Aufbau des Skeletts, sind Bestandteil der Enzyme und z.B. des roten Blutfarbstoffs.

Nüsse sind bekannt für ihren hohen Vitamin-B-Gehalt. Da alle B-Vitamine wasserlöslich sind, müssen sie in ausreichender Menge mit der Nahrung aufgenommen werden.

Erdnüsse zeichnen sich durch einen hohen Proteingehalt aus. Bei vielen Vögeln stehen Erdnüsse hoch im Kurs. Bieten Sie sie im Ganzen und als Erdnussbruch an, dann ist für jede Schnabelgröße

An Obst tun sich nicht nur Stare (Foto) gütlich, sondern auch Mönchsgrasmücken, Amseln und andere Drosselarten.

etwas dabei. Erdnüsse haben den Nachteil, dass bei unsachgemäßer Lagerung Schimmelpilze auf ihnen wachsen, die das hochgiftige Aflatoxin bilden. Es kann tödlich für Vögel sein.

Wollen Sie also den Vögeln Gutes tun, können Sie Ihnen auch Nüsse und Erdnüsse anbieten, allerdings in Maßen.

Weichfresserfutter

Für Insektenfresser ist es schwieriger, geeignetes Futter bereitzustellen. Da sie aber auch in der Natur auf anderes Futter ausweichen, wenn die tierische Nahrung knapp ist, können wir ihnen mit Fettfutter helfen. Es besteht aus Körnermischungen, die in geschmolzenem Fett eingelassen sind. Ein Rezept dafür finden Sie auf Seite 64. Mit dieser Fettmischung können Sie verschiedene Gefäße füllen und diese den Vögeln anbieten.

Im Zoofachhandel gibt es auch Fertigfutter für Insektenfresser, sogenanntes Weichfresserfutter. Es besteht aus getrockneten Insekten, Mückenlarven, trockenen Ameisenpuppen, Weißwurm, Fliegen und Waffelbruch. Die Inhaltsstoffe sind in ihrem Mengenverhältnis auf die verschiedenen Ansprüche von Weichfressern, die in Volieren gehalten werden, zugeschnitten, das Futter kann aber auch sehr gut an Wildvögel verfüttert werden.

Früchte und Beeren Zusätzlich reichen Sie den Insektenfressern Obst und getrocknete Beeren oder Früchte. An Beeren können Sie alles nehmen, was die Natur bietet. Auf Seite 50 finden Sie eine Liste beerentragender Sträucher. Alternativ können Sie auch Rosinen reichen. Da sie aber viel Zucker enthalten, sollten es nicht zu viele sein. Besonders gern fressen Amseln, Singdrosseln oder Rotkehlchen Äpfel. Lassen Sie die Früchte ganz, die Vögel picken heraus, was sie brauchen. Klein geschnitten verdirbt Obst schnell.

SPEZIELLE FUTTERMISCHUNGEN

Finkenvögel; Ammern, Sperlinge	Gemisch aus kohlenhydratreichen Samen wie verschiedenen Hirsesorten, Sonnenblumenkernen, Glanz und Nigersamen, Getreide wie geschälter Hafer, Nackthafer, Erdnüsse, zusätzlich gutes Waldvogelfutter, Baumsamen, etwa von Erle, Buche, Birke, Wildkräutersamen Eine geeignete Mischung für 1 kg Samenmischung könnte so aussehen: ca. 650 g Sonnenblumenkerne und Hanfsaat sowie 350 g Haferflocken, Nigersamen, Erdnussbruch, Rübsen, Raps etc. Statt der letztgenannten Sämereien können Sie auch handelsübliches Waldvogelfutter (siehe Seite 28) verwenden.
Wasservögel	Getreidemischung aus Weizen, Nackthafer und Hirse, nur wenig Mais, zusätzlich Grünfutter zur Versorgung mit Vitaminen und Ballaststoffen, wie Löwenzahn, Vogelmiere, Brennnesseln oder Klee, auch Salat oder Gemüse zerkleinert, hartes Brot

DIE ERNÄHRUNG BESTIMMT DIE SCHNABELFORM

Vögel haben alle das gleiche Organ zur Nahrungsaufnahme: den Schnabel. Dieser ist im Vergleich zum Kiefer bei Säugetieren extrem leicht und stabil, für flugfähige Tiere also wie geschaffen. Die verschiedenen Vogelarten besitzen allerdings sehr unterschiedlich geformte Schnäbel, abhängig davon, welches Futter sie bevorzugt aufnehmen. Wer in der Lage ist, von der Schnabelform auf die Ernährung zu schließen, kann Vögeln, die ans Futterhaus im Garten oder auf dem Balkon kommen, auch das richtige Futter anbieten.

Schnabelform von Körnerfressern

Körnerfresser nennt man Vögel, die sich von Samen verschiedener Bäume, Sträucher und Kräuter ernähren. Ganz unterschiedliche Vogelgruppen – Tauben, Hühner, aber auch Sperlingsvögel wie Ammern, Finken und Spatzen – nutzen diese Samen als Nahrungsgrundlage. Um an das schmackhafte und nährstoffreiche Innere der Samen zu gelangen, müssen die Vögel allerdings erst die mehr oder weniger harte, widerstandsfähige Hülle knacken, die sie umgibt. Daran ist ihr Schnabel besonders angepasst. So können die Schnäbel größer oder kleiner bzw. schlanker oder dicker sein, je nachdem, wie hart oder groß die Samen sind, auf die sich die jeweilige Vogelart spezialisiert hat. Das typische Merkmal eines Körnerfressers ist der kräftige, mehr oder weniger kegelförmige, kurze, gerade Schnabel.

Wie Schnäbel arbeiten

- Ammern leben von Grassamen. Sie drücken die Samen mit der Zunge gegen ein besonders gestaltetes Widerlager am harten Gaumen, das aus einem System von Längsrillen, Platten oder Wülsten besteht, und quetschen sie dadurch auf.
- Finken leben meist von Baum- und Kräutersamen.

Geschickt holt der Kreuzschnabel die Samen aus den Zapfen.

Mit seinem kräftigen Schnabel stochert der Kleiber in der Rinde und legt dabei darunter lebende Insekten frei.

Sie schneiden die Samen mit den scharfen Rändern ihres Unterschnabels auf, indem sie diesen entsprechend schnell vor und zurück bewegen.

- Schlankschnäblige Vogelarten wie Stieglitz oder Erlenzeisig fressen kleinere und weichere Samen; sie klauben die Samen wie mit einer Pinzette aus den Hüllen.
- Kreuzschnäbel sind Nahrungsspezialisten, die sich vor allem von den Samen in Zapfen ernähren. Bei ihnen sind die Spitzen von Ober- und Unterschnabel gekreuzt. Mit dem geschlossenen Schnabel fahren die Vögel zwischen Zapfenspindel und die jeweilige Schuppe, durch Öffnen des Schnabels heben sie die Schuppe ab und können dann mit der Zunge den Samen ernten.
- Unter »Kernknacker« versteht man im Allgemeinen Vögel mit kräftigen Schnäbeln, mit denen sie auch hartschalige Samen wie manche Nüsse oder andere Baumsamen öffnen können. In der heimischen Vogelwelt ist der Kernbeißer der bekannteste. Mit seinem starken konischen Schnabel ist er in der Lage, selbst so harte Samen wie Kirschkerne, Hainbuchensamen oder Olivenkerne in zwei Hälften zu sprengen. Damit hat er viele Ornithologen, aber auch Maschinenbauer verblüfft und zum Studium seiner Anatomie angeregt. Man hat den Schnabel eines Kernbeißers als Maschine nachgebaut und gemessen, welche Kräfte notwendig sind, um einen Kirschkern (27 bis 43 Kilogramm) oder Olivenkern (45 bis 68 Kilogramm) zu knacken. Diese Leistung wird umso erstaunlicher, wenn man sich die Größe des Vogels (17 Zentimeter) und sein geringes Gewicht von nur 55 Gramm vergegenwärtigt. Die anatomische Untersuchung ergab, dass die Schädelknochen in sich und an den Verbindungsnähten untereinander stärker versteift, verstärkt und verstrebt sind als bei anderen gleich großen Vögeln. Zudem haben Kernbeißer eine besonders gut ausgeprägte Muskulatur im Schnabel-Kopf-Bereich, die sie zu diesen erstaunlichen Leistungen befähigt.

Der »Schnabel im Magen«

Tauben- und Hühnervögel ernähren sich ebenfalls von Körnern. Doch im Gegensatz zu den Sperlingsvögeln schlucken sie die Körner im Ganzen. Die Samenhülle wird erst im Magen geöffnet. Dafür ist der besonders kräftige Muskelmagen innen mit einer harten, hornartigen Schicht ausgekleidet. Zusätzlich nehmen diese Vogelarten noch absichtlich kleine kantige Steinchen, sogenannte Magenkiesel, auf, die den Mahlvorgang unterstützen.

Schnabelform von Insektenfressern

Insekten stellen mit über einer Million Arten die umfangreichste Großgruppe im Tierreich dar und kommen in allen erdenklichen Lebensräumen vor. Wen wundert es da, dass sie von allen Tieren mit Abstand am häufigsten auf der Speisekarte der Vögel stehen. Zu den Insektenfressern gehören zum Beispiel Rotkehlchen, Grau- und Trauerschnäpper, Heckenbraunelle oder Meisen. Anders als beim Kegelschnabel der Körnerfresser kann man bei den Insektenfressern kein einheitliches Schnabelbild erkennen. Bei ihnen hängt die Schnabelform mit der Technik des Nahrungserwerbs zusammen.

»Pinzettenschnabel« Typische Vertreter sind beispielsweise Laubsänger, Fliegenschnäpper oder Grasmücken. Die Vögel sind unermüdlich im Bewuchs unterwegs und suchen an der Rinde und

Ein Grünfink klaubt in Papageien-Manier Samen aus einer Sonnenblume.

Für viele Zugvögel sind reife Beeren im Herbst eine wichtige Nahrung.

zwischen Blättern nach Insekten, deren Larven und Spinnen. Diese lesen sie entweder von der Oberfläche ab oder holen sie aus feinen Ritzen hervor. Dafür ist ihr Schnabel kurz und dünn, sie können ihn wie eine Pinzette einsetzen. Fliegenschnäpper haben sich zusätzlich noch auf die Flugjagd spezialisiert: Haben sie ein fliegendes Insekt in der Nähe gesehen, starten sie von ihrer Ansitzwarte, fangen die Libelle oder den Käfer aus der Luft und kehren zur Warte zurück.

»Kescher«-Schnabel Er ist kurz, an der Basis breit und geht in eine breite Mundspalte über. Diese Schnabelform ist typisch für Luftjäger, zu denen die am Tag jagenden Segler und Schwalben sowie die nachts jagenden Nachtschwalben gehören. Sie fangen ihre Beutetiere fliegend, dafür müssen sie den Schnabel weit aufreißen und wie einen Kescher einsetzen können. Unterstützend wirken Schnabelborsten, auch Vibrissen genannt, die am Schnabelgrund sitzen und die Fläche der geöffneten Mundspalte vergrößern.

»Universalschnabel« Drosseln und Stare zum Beispiel besitzen einen mittellangen, spitzen Schnabel, der wie ein universelles »Besteck« eingesetzt wird. Damit können sie Insekten vom Boden oder von Blättern abpicken oder aus der Luft erhaschen, nach Insekten im Boden stochern, aber auch Früchte und Beeren aufnehmen. Stare zirkeln zusätzlich, d.h., ihre Augen sitzen in Verlängerung der Mund-

spalte am Kopf. Wenn sie den Schnabel in den Boden stecken und leicht öffnen, können sie genau in das Loch schauen.

Mit »Hammer und Meißel« zum Ziel

Spechte bearbeiten mit ihrem meißelförmigen Schnabel die Rinde und das Holz von Bäumen und legen mit wuchtigen Schnabelhieben Insekten und deren Larven frei. Ab Herbst gehören dann auch Baumsamen zu ihrer Nahrung. Der Buntspecht öffnet harte Samen, indem er Nüsse an einen Stamm mit rauer Rinde trägt, dort eine Stelle bearbeitet, bis sie als Widerlager taugt, und dann die Nuss in dieser Spalte positioniert; dann hackt er in die Schale mit gezielten Schnabelhieben ein Loch, durch das er den Kern herausholen kann.

Eichelhäher und ihre Verwandten im Bergwald, die Tannenhäher, halten die Nuss mit einem Fuß am Boden fest und öffnen sie dann mit dem Schnabel, indem sie ebenfalls ein Loch hineinhacken. Kohl- und Blaumeisen bearbeiten in ähnlicher Weise die Schalen von Erdnüssen oder Sonnenblumenkernen, indem sie die Samen mit einem Fuß auf der Unterlage festhalten und ein Loch in die Schale hacken.

Um an die ölreichen Samen in Fichten- und Kiefernzapfen zu gelangen, verfährt der Buntspecht in der oben beschriebenen Weise. Er klemmt den Zapfen so in eine Spalte, dass die Spitze nach oben

Amsel – im Aufspüren und Ergreifen von Regenwürmern unübertroffen.

Der Spechtkopf – ein Wunder der Natur

Schaut man einem Specht beim Hämmern zu, fragt man sich unwillkürlich, wie er das schafft – ohne Gehirnerschütterung und ohne Kopfschmerzen. Verschiedene anatomische Gegebenheiten sorgen dafür, dass die beim Klopfen auftretenden Schwingungen abgemildert bzw. aufgefangen werden:

- *Die Knochen im Spechtschädel und der Schnabel sind so ausgerichtet, dass sie auf einer Achse liegen. Das Gehirn befindet sich genau oberhalb dieser Achse. Es wird also von den Stoßwellen der Hiebe nicht getroffen.*
- *Spechte besitzen ein komplexes Stoßdämpfersystem: Einmal trennt ein schwammartiges Gewebe den Schnabel vom Schädel, dadurch werden die Hiebe lediglich in abgeschwächter Form an die Kopfschale und damit an das Gehirn weitergeleitet. Zum anderen besitzt er bestimmte Muskeln, die vor jedem Hieb entgegen der Schlagrichtung vorgespannt werden und so den Schlag abfedern.*
- *Ein Knick am Schnabel verhindert, dass er sich beim Aufprall verbiegt und dadurch bricht.*
- *Die Rückseite des kleinen Schädels ist speziell verstärkt.*
- *Das Hirn füllt die Schädelkapsel fast ganz aus und kann dadurch kaum gegen den Knochen geschleudert werden.*

weist. Dann hackt er jede einzelne Zapfenschuppe gezielt auf, holt mit seiner langen klebrigen Zunge die Samen hervor und verfährt dann mit der nächsten Schuppe ebenso. Hat er die vordere Hälfte geleert, dreht er den Zapfen um und bearbeitet die zweite Hälfte. Am Ende wirft er den Zapfen aus der Spechtschmiede – sie wird öfter verwendet – und holt den nächsten. Die Überreste des bearbeiteten Zapfens haben ein unordentliches, zerzaustes Aussehen.

VOGELFÜTTER-KNIGGE

Sie wissen nun, wie Sie das Futter am besten präsentieren und mit welchem Futter Sie Ihre geflügelten Gäste verwöhnen können. Doch bei der Fütterung kann man auch Fehler machen, die unbeabsichtigt zu einer Verletzung oder gar zum Tod eines Vogels führen können.

Kontrolle des Futters

Oft sieht das Futter noch optisch tadellos aus, obwohl es bereits nicht mehr zum Verzehr geeignet ist. Deshalb ist es wichtig, dessen Qualität zu begutachten, bevor Sie es in das Futterhäuschen streuen. Folgende Punkte sollten Sie dabei beachten:

- Ölhaltige Sämereien werden schnell ranzig und sind dann ungesund. Deshalb sollten Sie die Körner jeweils nur in kleinen Mengen kaufen. Riechen sie muffig, sollten Sie sie entsorgen.
- Lagern Sie Körnerfutter trocken, dunkel und kühl, und kontrollieren Sie das Futter regelmäßig auf Schädlings- und Schimmelbefall.
- Wegen des hohen Fettgehalts werden Nüsse schnell ranzig, deshalb sollten Sie vor dem Verfüttern einige Nüsse knacken und daran riechen. Achten Sie auch bei Nüssen auf das Verfallsdatum. Auf alten Nüssen, aber auch auf Erdnüssen können sich gefährliche Schimmelpilze befinden, die für Vögel tödlich sein können.
- Lagern Sie Nüsse kühl und trocken. Kaufen Sie sie am besten in der Schale, so sind sie länger haltbar.
- Verfüttern Sie keine Essensreste, vor allem keine fetten, gesalzenen und gewürzten Speisen. Sie sind Gift für die Vögel. Auch Brot ist ungünstig, denn darin können sich Bakterien oder Pilze vermehren und die Vögel schädigen; außerdem kann es im Darm der Vögel quellen. Nach dem Verzehr von süßem Gebäck kann es zu Gärungsprozessen im Darm kommen, die auch den Tod des Vogels zur Folge haben können. Deshalb keinesfalls füttern!
- Bieten Sie Obst nicht in kleinen Stücken an, dadurch verdirbt es schneller. Besser ist es, einen Apfel im Ganzen oder halbiert auf den Boden zu legen oder auf einen Zweig zu spießen. Andere Früchte können Sie in getrockneter Form reichen.

Kontrolle der Futterstelle

Kontrollieren Sie täglich den Zustand der Futterstelle.

- Füllen Sie erst neues Futter nach, wenn das alte vollständig gefressen wurde.

Mit Ernst bei der Sache: »Meinen« Meisenknödel hänge ich selbst auf.

- Ist das Futter nass, muss es ausgewechselt werden. Sonst kann es verderben, und die Vögel können krank werden.
- Achten Sie auch auf den Boden unter der Futterstelle. Die heruntergefallenen Sämereien werden oft von Vögeln gefressen, die ihre Nahrung normalerweise am Boden suchen, etwa Buchfinken oder Bergfinken. Das heißt, dieses Futter liegt dann längere Zeit im Schnee oder Dreck und kann ebenfalls verderben. Entfernen Sie deshalb heruntergefallenes Futter regelmäßig. Für am Boden fressende Vogelarten ist es besser, ein Bodenfutterbrett aufzustellen (siehe Seite 20).
- Achten Sie auf die Kotspuren der Vögel am Boden. Der Kot gesunder Vögel ist meist geformt. Entdecken Sie jedoch grünliche Kleckse und breiigen Kot, dann ist Gefahr im Verzug. Dies kann nämlich ein Hinweis darauf sein, dass einer Ihrer Futtergäste krank ist. Er muss nicht durch Ihre Fütterung krank geworden sein, sondern kann die Infektion schon mitgebracht haben. Bekannt ist das zum Beispiel von nordischen Zugvögeln. Sie sind durch die Wanderung so geschwächt, dass eine latente Infektion nun im Überwinterungsgebiet ausbrechen kann. Haben Sie einen solchen Fall in Ihrem Garten, müssen Sie die Fütterung einstellen und das Futterhaus gründlich reinigen. Auch die Stelle, an der das Futterhaus stand oder hing, muss gründlich gesäubert werden. Am besten geht dies mit einem Hochdruckreiniger.

- Haben Sie ein herkömmliches Futterhäuschen, sollten Sie es regelmäßig säubern und mit heißem Wasser, bei starker Verschmutzung zusätzlich mit Haushaltsspülmittel abwaschen, um eventuell vorhandene Keime abzutöten. Auch hierfür ist der Einsatz eines Hochdruckreinigers sinnvoll. Geschickt ist es, wenn Sie auf den Boden eine Plastikfolie legen. Diese können Sie dann jeden zweiten bis dritten Tag entfernen und durch eine neue ersetzen. So verlängern sich die Intervalle der aufwendigen Reinigung.
- Bei Futterspendern sollten Sie regelmäßig den Rand säubern, auf den das Futter fällt.
- Beugen Sie Kotverschmutzungen vor. Wählen Sie Futterspender, bei denen die Vögel das Futter nicht mit ihrem Kot verschmutzen können. Ist ein kranker Vogel unter den Futtergästen, könnte er so die anderen anstecken.

Hygienemaßnahmen

Es gibt Krankheiten, die über den Kot der Vögel übertragen werden (z.B. Salmonellen), andere können vom Vogel auf den Menschen überspringen. Deshalb ist es wichtig, dass Sie neben den oben genannten Richtlinien eine Reihe von Hygienemaßnahmen ergreifen.

Für am Boden fressende Vogelarten wie Rotkehlchen bieten Sie das Futter am besten auf einem Futterbrett an. Aber bitte regelmäßig säubern.

Von oben kann nur so viel Futter nachfallen, wie unten weggenommen wird. Durch das kleine Dach wird es nicht nass.

- Waschen Sie sich nach dem Hantieren mit den Futtergeräten unbedingt die Hände, und desinfizieren Sie sie. Verwenden Sie am besten Einmal-Handschuhe, wenn Sie am Futterhaus etwas machen oder es säubern. Dies gilt besonders, wenn ein Vogel tot in Ihrem Garten lag oder geschwächt herumsaß.
- Verwenden Sie für alle Gerätschaften Materialien, die sich leicht reinigen lassen.
- Reinigen Sie regelmäßig das Futterhäuschen mit heißem Wasser. Desinfektionsgeräte und -mittel sind nicht nötig, sie können den Vögeln eher schaden.

Amselsterben durch das Usutu-Virus

Seit 2011 ist von einem Amselsterben im Südwesten Deutschlands die Rede. Es hat sich sogar bei der alljährlich vom NABU durchgeführten »Stunde der Gartenvögel« auf die Bestandszahlen dieses innerhalb von Siedlungen so häufigen und vertrauten Vogels ausgewirkt: Im betroffenen Gebiet wurde etwa ein Drittel weniger Amseln registriert als in den Vorjahren. Forschern gelang es, aus toten Amseln als Verursacher das tropische Usutu-Virus zu isolieren. Der Name stammt von einem Fluss in Swasiland (Afrika), dort wurde das Virus erstmals entdeckt. Infizierte Amseln haben ein unordentliches Gefieder, sitzen apathisch herum, fliehen kaum, wenn man sich ihnen nähert, und zeigen torkelnde Bewegungsstörungen; zudem sind innere Organe und das Nervensystem entzündlich verändert.

Achtung Salmonellen

In strengen Wintern wandern viele Vögel aus nördlichen Regionen Richtung Süden, weil sie in ihrer Brutheimat keine Nahrung mehr finden. Diese Wanderungen können sehr anstrengend sein. War einer dieser Vögel bereits zu Hause krank, ist er nach der Wanderung so geschwächt, dass seine Krankheit hier ausbrechen kann. Genau das ist im strengen Winter 2010 passiert. Damals fand man in Oberbayern viele tote und kranke Erlenzeisige in der Nähe von Fütterungen. Nachdem sie untersucht worden waren, wusste man, warum. Sie hatten eine Salmonelleninfektion. Erlenzeisige sind anfällig für diese Bakterieninfektion. Salmonellen werden über den Kot der Vögel weitergegeben. Da sich auch Menschen daran anstecken können, ist auf strenge Hygiene im Umgang mit den Futtergeräten zu achten (siehe Seite 40).

Vor über zehn Jahren gab es bereits ein Vogelsterben in Europa, vor allem in Italien und Österreich. Dort wurden die Vögel allmählich immun gegen das Virus. Auch der Mensch kann sich infizieren, allerdings verläuft die Krankheit nur bei älteren und immungeschwächten Personen schwerer. Es wird spekuliert, ob das Virus durch Zugvögel, Vogelimporte oder durch bereits infizierte Mücken nach Deutschland kam. Die Vögel infizieren sich zwar nicht durch die Fütterung mit dem Usutu-Virus, und es wird auch nicht durch die Fütterung auf andere Vögel übertragen, sondern durch eine Stechmückenart. Wenn Sie jedoch einen toten Vogel in Ihrem Garten oder in Ihrer Nähe finden, sollten Sie ihn an ein Veterinäruntersuchungsamt einschicken und untersuchen lassen. Lassen Sie dabei besondere Hygiene walten: Fassen Sie den Vogel nur mit Einmal-Handschuhen an, und desinfizieren Sie sich anschließend die Hände.

Richtiger Standort

Auch er kann darüber entscheiden, ob es den Vögeln in Ihrem Garten gut geht.

- Stellen Sie das Futterhaus so auf, dass der Wind weder Schnee noch Regen seitlich hineinblasen kann.

- Der Standort sollte mindestens zwei Meter von größeren Glasscheiben entfernt sein. Sonst besteht die Gefahr, dass sich die Vögel beim Anflug an der für sie nicht sichtbaren Scheibe verletzen. Grundsätzlich sollten Sie die Scheiben mit Vogelsilhouetten bekleben, um sie für die Vögel sichtbar zu machen.
- Die Fütterung sollte in übersichtlichem Gelände liegen, das heißt nicht zu dicht an einer Hecke, an Sträuchern oder einem Schuppen, damit sich Vogelfeinde nicht unbemerkt nähern können.
- Dennoch sollten sich in etwas Abstand dichte Büsche befinden, in die sich die Vögel flüchten können, wenn ein Greifvogel, etwa ein Sperber, im Anflug ist.
- Befindet sich das Futterhäuschen auf einem Pfahl, sollten Sie diesen mit einer Blechmanschette umwickeln. Diese glatte Barriere kann weder eine Katze noch ein Marder überwinden. Auch ein nach unten offener Eimer oder eine Metallschürze unterhalb des Futtertisches haben die gleiche Wirkung
- Über Fütterungen auf dem Boden können Sie einen großen Drahtkäfig mit geeigneter Maschendichte stülpen. So verhindern Sie, dass sich ein Greifvogel oder eine Katze an Ihren Gästen bzw. Krähen oder Elstern am Futter »vergreifen«.

Bei so vielen Futterangeboten kann keine Konkurrenz aufkommen. Außerdem ist für jeden Geschmack gesorgt.

DER »VOGELFÜTTERFREUNDLICHE« GARTEN

Sie haben bisher viel darüber erfahren, wie Sie Vögeln mit Fütterungen helfen können. Dabei wäre es doch auch schön, wenn sich die Vögel das ganze Jahr über in Ihrem Garten wohlfühlen würden. Vor allem, da die Situation in der Kulturlandschaft bei Weitem nicht mehr so vogelgerecht ist, wie sie es noch vor vielen Jahren war. Durch die Ausräumung der Landschaft und veränderte Bewirtschaftungsformen in der Landwirtschaft haben viele Vogelarten ihre Nahrungs- und Rückzugsgebiete verloren. Diesen Verlust können naturnah gestaltete Gärten für manche Vogelarten teilweise ausgleichen.

Das Vogelfütter-Paradies

Das Wichtigste: Ein Vogel-Paradies muss das ganze Jahr Nahrung bieten. Nicht nur in Form von Fütterungen, sondern auch von natürlichen Nahrungsquellen. Da sowohl Insekten- als auch Körnerfresser heimisch werden sollen, muss auch für beider Nahrung gesorgt sein. Für Sie bedeutet das Ja zum Vogel-Paradies, dass Sie gewillt sind, einige Abstriche in puncto Ordnung im Garten zu machen. Denn ein

Warum Vögel in den Garten locken?

Es gibt einen ganz handfesten ökologischen Grund, die Gefiederten in den Garten zu holen: Vögel sind die Insektenvernichtungstruppe schlechthin. Bei einem Blaumeisenpaar haben Ornithologen einmal gezählt, wie oft es während der Fütterungszeit seiner Jungen das Nest anfliegt: 30- bis 40-mal pro Stunde. Haben die zwei jedes Mal nur drei Raupen im Schnabel, bedeutet das, dass sie in acht Stunden eines Tages 840 Raupen an ihre Jungen verfüttern. Die Nestlingszeit der Blaumeise dauert ca. 17 Tage. In dieser Zeit verfüttert ein Paar im Schnitt also 14 280 Raupen!

vogelgerechter Garten ist eine »Wildnis«. Außerdem sollten Sie keine Katze halten, denn die Stubentiger machen vor den von Ihnen angelockten Vögeln nicht halt. Auch das gut gemeinte Glöckchen an ihrem Hals verhindert oft nicht, dass sie Kleinvögel erbeuten.

Lebensraum für Insekten

Insekten in jedem Entwicklungsstadium sind eine wichtige Nahrungsquelle während der Brutzeit, denn die meisten Gartenvögel füttern damit ihre Jungen, auch Körnerfresser. Das liegt daran, dass Insekten und vor allem deren Larven sehr proteinreich und leicht verdaulich sind. Um sie in den Garten zu holen, gibt es verschiedene Möglichkeiten:

Blumenwiese statt Rasen – anfangs vielleicht nur in kleineren Randbereichen, denn Rasen ist meist arm an blühenden Pflanzenarten. Diese ziehen magereren Boden vor. Wenn Sie ein, zwei Sommer lang das Schnittgut nach dem Mähen stets entfernen, wird der Boden mit der Zeit karger. Zusätzlich können Sie noch etwas Sand einarbeiten. Mähen Sie dann nicht mehr so häufig, werden Sie sehen, dass sich schon von selbst mehr Blütenpflanzen ansiedeln. Zusätzlich können Sie die Samen von Blütenpflanzen aussäen. In Gartencentern oder bei Naturschutzorganisationen bekommen Sie dafür Blumenwiesenmischungen. Achten Sie auf einheimische Arten in den Mischungen, damit sie sich auch für das nächste Jahr wieder aussäen. Der Blütenreichtum lockt viele Insekten wie

Eine Wildblumenwiese lockt mit ihrem Insektenreichtum Vögel in den Garten, die sich von den Kerbtieren ernähren.

Schlehen bieten nicht nur Nistraum, sondern indirekt auch Nahrung, weil auf ihnen viele Schmetterlinge leben.

Schmetterlinge, Fliegen und Käfer an, an denen sich dann die Vögel bedienen. Dazu kommen zahlreiche andere Wirbellose wie Asseln, Spinnen oder Schnecken. Die Blumenwiese hat den Vorteil, dass Sie nicht so oft zum Rasenmäher greifen müssen. Denn mähen Sie zu häufig, können die Pflanzen keine Blüten ansetzen und Samen für das nächste Jahr ausbilden.

Verzichten Sie auf die chemische Keule. Insektizide und Unkrautvernichtungsmittel schaden Nützlingen wie Schädlingen im Garten. Jäten Sie regelmäßig das Unkraut, kontrollieren Sie gezielt Ihre Pflanzen auf Schädlinge, und wehren Sie diese rechtzeitig z. B. mit mechanischen Methoden wie Absammeln ab und stärken Sie Ihre Pflanzen durch richtigen Standort oder geeignete Düngung, dann werden sich die Schädlinge in Grenzen halten.

Pflanzen Sie einheimische Sträucher und Bäume. Das ist wichtig, denn im Lauf der Jahrmillionen, die Insekten und Pflanzen die Erde bewohnen, haben sie sich aufeinander eingespielt. Viele Insekten finden auf in jüngster Zeit eingeführten Gewächsen keine Nahrung.

Ziehen Sie in Ihrem Garten die Futterpflanzen für Insektenlarven. So fressen zum Beispiel am Löwenzahn die Raupen von mindestens 30 Schmetterlingsarten, über 50 sind es an der Schlehe, darunter so schöne Falter wie der Segelfalter, das Kleine Nachtpfauenauge oder der Schönbär, und über 60 Arten auf dem Weißdorn.

Lassen Sie Ameisen in Ihrer Wiese zu. Darüber freuen sich vor allem die beiden Erdspechtarten, Grau- (siehe Seite 160–161) und Grünspecht, die sich fast überwiegend davon ernähren.

Altes Holz wie vermodernde Stubben oder aufgeschichtete dünnere Stämmchen sind reich an Insekten und anderen Kleintieren. Darin werden bevorzugt Rotkehlchen, Zaunkönig und Heckenbraunelle auf Nahrungssuche gehen. Den gleichen Effekt haben zu einem Haufen aufgeschichtete Zweige des letzten Heckenschnitts.

Verzichten Sie auf Gebläse, wenn im Herbst die Blätter fallen. Vermeiden Sie es, alle Blätter zu einem Haufen zusammenzublasen und dann wegzuwerfen, bzw. setzen Sie keinen Laubsauger ein. Auch in Laubhaufen stochern Amseln, Singdrosseln, Rotkehlchen oder Stare gern nach Fressbarem. Besser ist es, die Blätter unter Büschen und Sträuchern liegen zu lassen.

Ein Komposthaufen wandelt nicht nur Ihre Gartenabfälle in gute Erde um, darin wühlen auch gern Drosseln und Rotkehlchen nach Würmern und anderen Kleintieren.

Kräutersamen für Körnerfresser

Auf der Naturwiese gedeihen viele Pflanzen, von deren Samen sich die Körnerfresser unter den Gartenvögeln ernähren. Stieglitze klauben gern mit ihren spitzen Schnäbeln die Samen aus den Köpfen von Disteln, Karden oder anderen Korbblütlern. Finken fressen die Samen von Greiskräutern, Wald-Engelwurz oder Vergissmeinnicht. An den Blütenständen der Goldrute lässt sich der Erlenzeisig sehen.

Besonders attraktiv für Vögel sind im Herbst die Blütenteller der Sonnenblumen. Vor allem Finken oder Ammern tun sich an ihren Samen gütlich. Achten Sie aber darauf, keine hochgezüchteten Sorten anzupflanzen, denn sie setzen keine Samen an.

Geeignete Vogelfütterpflanzen Sonnenblume, Disteln, Wilde Karde, Klette, Vogelmiere, Nachtkerze, Ampfer, Melde, Knöterich, Wegerich, Hirtentäschel, Löwenzahn, Wildgräser, Wald-Engelwurz, Rotklee, Gartenfuchsschwanz, Acker-Vergissmeinnicht, Verbene, Weißer Gänsefuß, Gewöhnliches Greiskraut, Goldrute, Schafgarbe, Kornblume.

Einige dieser Pflanzen bilden im Herbst attraktive Hochstauden mit zahlreichen Samen. Sparen Sie diese beim Mähen aus. Viele Klein-

Eberesche oder Vogelbeere – beliebt bei allen Vögeln.

Und noch ein Leckerbissen: Beeren des Schwarzen Holunders.

vögel, allen voran der Stieglitz, werden es Ihnen danken. Von vielen Kräutern können Sie selbst die Samen ernten, trocknen und sie für den Winter an einem trockenen und kühlen Ort aufbewahren. Dann dienen sie den Futterhausgästen als besondere Leckerbissen.

Bäume und Sträucher

Auch auf Bäumen finden unsere Gefiederten reichlich Samennahrung. Birken und Erlen werden gern besucht von Stieglitzen und Erlenzeisigen, die geschickt die Samen aus den Zapfen ernten. Besonderen Spaß macht es, Eichelhähern zuzusehen, die einen Haselstrauch abernten. Bis zu zehn Nüsse passen in ihren geräumigen Kehlsack, dann fliegen sie vollbepackt in den Wald, um die Nüsse als Vorrat für den Winter zu verstecken. Bucheckern stehen auf dem Speiseplan von Buch- und Bergfinken. Kernbeißer freuen sich über Obstbäume, aber nicht auf das wohlschmeckende Fruchtfleisch von Kirschen oder Äpfeln, sondern auf die Kerne und Steine in deren Innerem. Sie fressen sich dazu durch die Fruchtschicht. Das Fruchtfleisch der Äpfel sagt dafür Amseln, Sing- und Wacholderdrosseln sowie Rotkehlchen und Mönchsgrasmücken zu. Lassen Sie deshalb immer ein paar der Früchte unter den Bäumen liegen. Dagegen haben es Gimpel eher auf die Knospen von Obstbäumen abgesehen.

Um Vögel von Obstbäumen oder Weintrauben abzuwehren, kann man Vogelscheuchen, Klappergeräte sowie Flatterbänder einsetzen. Wer seine Ernte mit Netzen schützen will, sollte nur auf solche zurückgreifen, deren Maschenweite 30 Millimeter nicht überschreitet. Damit sie für die Vögel sichtbar sind, sollten die Netze auffällig gefärbt sein und eine Fadendicke von mindestens einem Millimeter aufweisen. Die Baumkrone oder der Strauch sollten lückenlos und straff eingenetzt werden, damit die Vögel nicht hineinfliegen können. Kontrollieren Sie am besten mehrmals täglich, dass sich nicht trotz Ihrer Vorsichtsmaßnahmen ein Tier darin verfängt!

Beerentragende Sträucher

Mit ihren leuchtend gefärbten Früchten stellen sie im Herbst für uns eine wahre Augenweide dar. Und den Vögeln bieten sie reichlich Nahrung – wiederum vorausgesetzt, Sie pflanzen einheimische Sträucher. Ganze 63 Vogelarten fressen die roten Beeren der Eberesche oder Vogelbeere! Deshalb dürfen sie in einem vogelfüttergerechten Garten auf keinen Fall fehlen. In der Tabelle finden Sie eine Auswahl an Sträuchern, die gepflanzt werden können. Nicht enthalten sind Beerensträucher, deren Früchte wir selbst verzehren, wie Johannisbeeren, Him- oder Brombeeren. Auch sie werden von den Vögeln nicht verschmäht. Neben den Beeren bieten die aufgelisteten Sträucher den Freibrütern unter den Vögeln, also solchen, die ein Nest in Bäume oder Sträucher bauen, gute Niststandorte.

Name	Höhe	Eigenschaft	Bedeutung
Berberitze *(Berberis vulgaris)*	bis 3 m	dorniger Strauch, geeignet für Hecke	gutes Nistgehölz, Beerennahrung
Eberesche, Vogelbeere *(Sorbus aucuparia)*	10–15 m	mehrstämmiger Strauch, locker verzweigter Baum	wichtige Beerennahrung, vor allem für Drosseln, Stare, Seidenschwänze
Felsenbirne *(Amelanchier ovalis)*	2–3 m	reich verzweigter Strauch	gutes Nistgehölz, Beeren bei Vögeln beliebt
Feuerdorn *(Pyracantha coccinea)*	2 m	immergrüner, dorniger Strauch	Nistgehölz, Beeren bei Vögeln beliebt
Hundsrose *(Rosa canina)*	1–3 m	strauchförmig wachsend, Hecke	gutes Nistgehölz, Beerennahrung

Name	Höhe	Eigenschaft	Bedeutung
Kornelkirsche *(Cornus mas)*	3–6 m	sparrig verzweigter Strauch oder Baum, Frühblüher, geeignet für Hecke	Nistgehölz, Insektennahrung
Liguster *(Ligustrum vulgare)*	4–5 m	verzweigter, immergrüner Strauch, Hecke, Beeren für Menschen giftig	Beerennahrung, für Drosseln und Wintergäste, gute Deckung auch im Winter
Pfaffenhütchen *(Euonymus europaea)*	3–5 m	reich verzweigter Strauch, Früchte für Menschen giftig	Beerennahrung vor allem für Drosseln, Rotkehlchen, Finken
Schlehe, Schwarzdorn *(Prunus spinosa)*	2–4 m	dorniger, sparrig verzweigter Strauch	gutes Nistgehölz, Beerennahrung im Winter
Schneeball *(Viburnum opulus)*	bis 4 m	schnell wüchsiger, reich verzweigter Strauch, für Hecken geeignet, Beeren sind für den Menschen ungenießbar	gutes Nistgehölz, wichtige Beerennahrung, vor allem für Bergfink, Seidenschwanz und Eichelhäher
Schwarzer Holunder *(Sambucus nigra)*	5–7 m (Strauch) 10 m (Baum)	reich verzweigt, verträgt Rückschnitt	wichtige Beerennahrung, vor allem für Drosseln, Stare, Mönchsgrasmücken, gutes Nistgehölz
Traubenholunder *(Sambucus racemosa)*	2–4 m	schwach verzweigter Strauch	wichtige Beerennahrung, v.a für Rotkehlchen und Hausrotschwanz
Weißdorn *(Crataegus monogyna)*	5–7 m	dorniger Strauch, reich verzweigt, verträgt Rückschnitt, geeignet für Hecken	gutes Nistgehölz, wichtige Beerennahrung, vor allem für Drosseln und Krähen

DER VOGELFREUNDLICHE GARTEN

Das Motto des vogelfreundlichen Gartens lautet: Vielfalt statt Einfalt. Der Garten muss verschiedenste Elemente und Strukturen aufweisen, damit sich die Vögel auf Dauer dort wohlfühlen und fortpflanzen.

Was ist nötig?

- Die Vögel müssen Futter für sich und ihren Nachwuchs finden.
- Sie müssen Nistmöglichkeiten finden.
- Es muss Sand- und Wasserbäder geben für die Körperpflege.

Das Vogelbad

Vögel pflegen ihre Federn regelmäßig. Dazu nehmen sie hin und wieder ein Bad im Wasser (siehe Seite 21), etwa in einer Schale oder im Gartenteich. Manche Vogelarten baden in Staub. Dazu gehören unter den Gartenvögeln vor allem die Sperlinge. Haben sie eine günstige Stelle gefunden, machen sie im Sand oder Staub die gleichen Bewegungen wie im Wasser. Ist der Untergrund in Ihrem Garten nicht locker genug, können Sie auch eine Schale mit Sand aufstellen. Um zu verhindern, dass Vögel beim Versuch, in einer Regentonne zu baden, ertrinken, sollten Sie diese abdecken.

Ein Amsel-Weibchen erntet Beeren des Efeus. Im Sommer brütete es hier.

Eine weitere Form des Bades zeigt der Eichelhäher, und zwar in einer recht merkwürdigen Haltung. Er stützt sich auf seinen Schwanz und spreizt seine Flügel nach vorn von sich weg. Dabei schüttelt er sich immer ein bisschen. Des Rätsels Lösung: Er reizt Ameisen, die über sein Gefieder laufen, ihre Säure auf die Federn zu spritzen. Damit sollen Parasiten zwischen den Federn vernichtet werden. Für solche Bäder nutzt der Eichelhäher etwa Wiesenameisen oder Wegameisen.

Wandbegrünung als Nistraum

Haus- und Schuppenwände stellen für viele Vogelarten attraktive Strukturen dar, an denen sie brüten können, wenn es Höhlungen wie Hohlräume hinter losen Ziegeln oder Nischen in der Mauer gibt. Sie können die Anzahl an Nistmöglichkeiten noch erhöhen, wenn Sie die Wand begrünen. Ist das Mauerwerk intakt, eignen sich sowohl Pflanzen, die aus eigener Kraft klettern, als auch solche, für die Sie eine Kletterhilfe bereitstellen müssen. In der Tabelle (siehe Seite 54) finden Sie Pflanzen, die sich zur Begrünung eignen. Kletterpflanzen haben zudem den Vorteil, dass sie auf dem Boden relativ wenig Platz brauchen, dafür in der Vertikalen eine große Fläche begrünen können.

Die Pflanzen haben unterschiedliche Techniken entwickelt, um sich an der Hauswand – mit und ohne Kletterhilfe – festzuhalten. Der Efeu hat zum Beispiel Haftwurzeln, mit denen er sich direkt an der Wand festkrallt. Hopfen oder Geißblatt gehören zu den sogenannten Schlingern, die sich um eine Stütze schlingen. Waldrebe oder Wilder Wein halten sich mithilfe von speziellen Pflanzenteilen an der Stütze fest. Die Hundsrose gehört zu den Spreizklimmern, die sich mit ihren stachelbewehrten Trieben in anderen Pflanzen festhalten oder an der Stütze emporranken.

Im dichten Grün können die Vögel unbemerkt von Beutegreifern ihre Jungen aufziehen. Zudem herrscht dort ein günstiges Kleinklima für Insekten, die gleich als Nahrung für den Nachwuchs genutzt werden können. Allerdings muss man bedenken, dass Pflanzen, die von selbst klettern, erst ein paar Jahre brauchen, bis sie so stabil stehen, dass Vögel darin nisten können. Bei Kletterhilfen ist das schon früher möglich, weil dort allein das Rankgitter bereits für Stabilität sorgt.

In solchen grünen Wänden ziehen gern Amseln oder Grünfinken ihre Jungen auf, auch Hausrotschwänze nutzen sie dazu. Doch nicht nur für das Brutgeschäft sind die Wandbegrünungen begehrt, manche Pflanzen liefern auch wohlschmeckende Früchte für die Vögel.

PFLANZEN ZUR WANDBEGRÜNUNG

Name	Eigenschaft	Bedeutung für Vögel
Berg-Waldrebe *(Clematis montana)*	teils immergrüne Kletterpflanze, braucht Kletterhilfe	geschützter Niststandort, Samen- und Knospennahrung
Blauregen *(Wisteria sinensis)*	Kletterpflanze an Wänden, braucht Kletterhilfe	geschützter Niststandort, Früchte als Nahrung
Efeu *(Hedera helix)*	immergrüne Kletterpflanze an Bäumen und Wänden	Beerennahrung im Winter, geschützter Niststandort
Hopfen *(Humulus lupulus)*	braucht Kletterhilfe, klettert an Pflanzen und Wänden	geschützter Niststandort
Hundsrose *(Rosa canina)*	Spreizklimmer innerhalb einer Hecke	Beerennahrung, vor allem für Finken und Meisen, geschützter Niststandort
Jungfernrebe *(Parthenocissus quinquefolia)*	schnellwüchsig, braucht Unterstützung	Beerennahrung, geschützter Niststandort
Kletterhortensie *(Hydrangea petiolaris ssp. petiolaris)*	holzige Kletterpflanze, braucht keine Unterstützung	geschützter Niststandort
Kletterrosen *(Rosa spec.)*	brauchen Kletterhilfe	Früchte als Nahrung
Knöterich *(Polygonum aubertii)*	braucht Kletterhilfe	geschützter Niststandort
Pfeifen-Winde *(Aristolochia macrophylla)*	braucht Kletterhilfe	geschützter Niststandort
Wald-Geißblatt *(Lonicera periclymenum)*	Kletterpflanze mit duftenden Blüten, braucht Kletterhilfe	Beerennahrung, Nektarnahrung für Mönchsgrasmücke
Weinrebe *(Vitis vinifera)*	verholzende Kletterpflanze	Beerennahrung
Wilder Wein *(Parthenociccus tricuspidata)*	keine Kletterhilfe nötig	geschützter Niststandort, Beerennahrung

Sträucher und Bäume bieten nicht nur Nahrung, sondern auch geeignete Unterlagen für den Nestbau.

Sträucher und Bäume als Nistraum

Betrachtet man sich die Liste der Vogelarten, die in Gärten vorkommen, wird man feststellen, dass es sich dabei fast ausschließlich um Arten handelt, die auch in Wäldern oder waldähnlichen Strukturen leben. Daher dürfen in einem vogelfreundlichen Garten auch Bäume und Sträucher nicht fehlen.

In den Kronen der Bäume suchen viele Vogelarten ihre Nahrung, indem sie im Gezweig herumturnen und die Blätter und Rindenritzen nach Insekten absuchen. Dazu gehören die Meisenarten, aber auch Laubsänger oder Spötter. Singdrossel, Amsel, Grünfink oder Grauschnäpper nutzen obere Äste als Sitzwarte, die ersten beiden als Singwarte, der Grünfink als Startpunkt für seinen Singflug, der Grauschnäpper für seinen Jagdflug (siehe Seite 35). Ihr Brutgeschäft verlegen alle genannten Arten in untere Bereiche der Bäume oder in Sträucher, der Grauschnäpper brütet auch in Nischen am Haus. Aber auch eine große Zahl von Vögeln brütet im Kronenbereich. Kernbeißer oder Gelbspötter legen ihre Nester gut geschützt in der Nähe des Stammes oder in Astquirlen an. An den Stämmen höherer Bäume klettern Kleiber und Baumläufer sowie Buntspechte und untersuchen Ritzen und Hohlräume nach Fressbarem. Hinter abstehenden Rindenstücken brüten die Baumläufer, in Höhlen in den Stämmen die Buntspechte, als Nachmieter folgt eine Reihe von Vogelarten, auch der Kleiber. Andere nutzen die Sträucher für die Anlage ihrer Nester oder zur Nahrungssuche. Dazu gehören Mönchsgrasmücke, Grünfink oder Gimpel. Girlitz oder Heckenbraunelle wird man kaum brütend in einem Garten finden, in dem keine Nadelbäume stehen, weil sie auf diese zum Brüten angewiesen sind.

Eine Struktur, die einem Waldrand entspricht, schaffen Sie mit einer Hecke. Diese muss jedoch regelmäßig geschnitten werden. Wählen Sie dazu die Zeit von Herbst bis Winter, dann können Sie sicher sein, dass Sie keine Vogeleltern beim Brutgeschäft stören.

Wählen Sie für die Gehölzarten in Ihrem Garten einheimische Gehölze. Besonders schätzen Vögel dornige Sträucher und kleinere Bäume, weil sie im Gewirr der Zweige besser vor Beutegreifern geschützt sind. Einige finden Sie in der Tabelle auf Seite 50–51.

Freibrüter im Garten unterstützen

Der Begriff Freibrüter umfasst alle Vogelarten, die nicht in einer Höhle brüten, sondern ihre Nester frei auf Zweigen oder im Pflanzenwuchs anlegen. Die Form der Nester entspricht meist einer Halbkugel oder einem Napf. Einige Beispiele, was Sie für solche Vögel tun können, finden Sie auf Seite 68/69. Zusätzlich gibt es im Fachhandel noch Nisttaschen aus geflochtenem Material, die man in Hecken, an Zäu-

Hat sich die Amsel an die Nähe des Menschen gewöhnt, baut sie ihr stabiles Nest auch auf Balkon oder Terrasse.

Naturstein-Legsteinmauer

Elemente wie eine kurze Mauer, die aus Natursteinen aufgeschichtet ist, ohne dass diese mit Mörtel verbunden sind, stellen eine weitere Strukturbereicherung des Lebensraums Garten dar. Die Mauer bietet vielen Tieren im Garten einen Rückzugsraum. In den Ritzen zwischen den Steinen verstecken sich nicht nur Kleintiere wie Eidechsen oder Kröten, auch für manche Vogelart eröffnet sich in den Höhlungen ein Brutraum. Dazu gehören Zaunkönig und Heckenbraunelle. Sie können die Insekten, die sich dort ebenfalls niederlassen, gleich als Nahrung nutzen.

nen oder niedrig in Büschen befestigen kann. Je nach Höhe, in der sie aufgehängt werden, und Größe eignen sie sich für Heckenbraunelle, Zaunkönig oder Rotkehlchen.

Höhlenbrüter im Garten unterstützen

Eine große Anzahl der Gartenvögel gehört zu den sogenannten Höhlenbrütern. Sie ziehen ihre Jungen in Baum- und anderen Höhlen auf, sind also oft Nachmieter von Buntspecht & Co. Vielen davon können Sie im Garten helfen, indem Sie Nistkästen aufhängen. Das sind zum Beispiel Meisen, Stare, Kleiber oder Trauerschnäpper. Manche Arten nutzen Nistkästen auch als Unterschlupf im Winter.

Einen Nistkasten können Sie selbst bauen oder im Fachhandel, in Gartencentern oder Baumärkten kaufen. Je nach Form unterscheidet man verschiedene Typen.

Klassischer Starenkasten: Er ist etwas geräumiger als der Meisenkasten (siehe unten), hat ein rundes Einflugloch mit etwa 5 cm Durchmesser und wird nicht nur vom Star bezogen, sondern auch von Kohlmeisen oder Haussperlingen.

Klassischer Meisenkasten: Er entspricht dem Modell von Seite 66–67 (Bauanleitung). Je nach Größe des Einfluglochs (siehe Tabelle Seite 58) können Sie darin die Nester verschiedener Meisenarten, aber auch von Trauerschnäpper oder Kleiber finden. In ländlicheren Bereichen wird vielleicht auch einmal ein Feldsperling darin brüten.

Einfamilienhäuschen für Kleinvögel: Die Lochweite bestimmt den Mieter.

Variante des Meisenkastens mit etwas nach vorn gezogenem Einfluglochbereich: Durch diesen Marder- und Katzenschutz können die Beutegreifer nicht durch das Loch nach den Jungen angeln.

Halbhöhlennistkasten: Ihm fehlt das Einflugloch, stattdessen ist der obere Bereich der Front ganz entfernt, sodass eine Halbhöhle entsteht. Darin brüten etwa Hausrotschwanz, Zaunkönig oder Bachstelze.

Nistkasten mit zwei hochovalen Einfluglöchern: Er zählt ebenfalls als Halbhöhle oder Nischennistkasten und eignet sich für Gartenrotschwanz, Bachstelze oder Grauschnäpper, aber auch für alle anderen Höhlenbrüter. Wird er etwa in 1 m Höhe über dem Boden aufgehängt,

Kleinvogelart	Fluglochweite
Blaumeise, Tannenmeise	bis 26 mm
Kohlmeise, Kleiber	32–34 mm
Star	50 mm
andere Meisen	27–28 mm
Gartenbaumläufer	80 x 40 mm

Das Leben im Nistkasten beobachten

Haben Sie einen Nistkasten in Ihrem Garten aufgehängt und er wurde bezogen, sieht man meist nur fütternde Altvögel ein- und ausfliegen und bestenfalls die Jungen ausfliegen. Doch was genau im Nistkasten passiert, bleibt unseren Augen leider verborgen. Abhilfe schafft hier ein spezieller Nistkasten (erhältlich im Fachhandel), in dem eine kleine Kamera integriert ist. Die Konstruktion des Kastens erlaubt in seinem Inneren gerade so viel Helligkeit, dass die brütenden Vögel nicht gestört werden und dass dennoch passable Bilder entstehen können.

beziehen sogar Rotkehlchen diese Nisthilfe. Durch seine Tiefe können Marder und Katze das Nest nicht erreichen.

Baumläuferhöhle: Sie hat keine Öffnung in der Front, sondern einen hochovalen Schlitz an der Seite in Stammnähe und keine Rückwand. Dadurch wird der Nistraum hinter abstehender Rinde kopiert.

Von diesen Typen gibt es dann natürlich alle Variationen. Weitere Nistkasten-Typen hält der Fachhandel bereit, etwa für Eulen und Mauersegler, es gibt auch Besonderheiten wie Niststeine für Nischenbrüter. Die Anzahl der Kästen, die Sie in Ihrem Garten platzieren, ist Ihnen überlassen. Generell kann man aber sagen, zu viele sind besser als zu wenige. Für Koloniebrüter wie die Haussperlinge können Sie auch mehrere Nistkästen nebeneinander aufhängen.

Beim Aufhängen beachten

Nistkästen sollten nicht in der prallen Sonne hängen, aber auch nicht zu schattig. Ihre Öffnung sollte nicht nach Westen weisen, sonst laufen sie bei Regengüssen voll Wasser. Am besten ist es, sie an einer Hauswand oder im Stammbereich eines Baumes bis in 2 m Höhe aufzuhängen mit dem Einflugloch nach Osten. Verwenden Sie dafür zum Schutz des Baumes nur nicht rostende Aluminiumnägel.

Um Katzen und Marder am Hinaufklettern zu hindern, können Sie um den Baum unterhalb des Kastens eine Blechmanschette legen (siehe Seite 43). Eine Halbhöhle kann auch mit einem Maschendraht umwickelt werden, durch den nur die Bewohner schlüpfen können.

DO IT YOURSELF

Alle bisher erwähnten Hilfen für die Vögel im Garten und auf Balkon und Terrasse sind bei Naturschutzorganisationen, in Gartencentern oder bei Spezialanbietern erhältlich. Doch wenn man handwerklich etwas geschickt ist, lassen sie sich auch in Heimarbeit herstellen.

Bau eines einfachen Futterhäuschens

Mithilfe dieser Bauanleitung können Sie ein relativ einfaches Futterhäuschen erstellen. Hier streuen Sie das Futter nur auf den Boden. Der Nachteil: Sie müssen häufiger nachfüllen, wenn das Häuschen gut besucht wird, und bei feuchtem Wetter müssen Sie regelmäßig kontrollieren, dass nichts nass wird (siehe Seite 38). Alternativ können Sie in das Häuschen auch einen handelsüblichen kleineren Futterspender stellen, dann sollten Sie allerdings die Eckpfeiler entsprechend höher bemessen. Der Futterspender hat den Vorteil, dass die Vögel das Futter nicht mit ihrem Kot verunreinigen können (siehe Seite 18).

So gehen Sie vor

- Sägen Sie aus dem Holzbrett die Teile nach den angegebenen Maßen aus. Schrägen Sie die vier kurzen Kanthölzer an einer Seite in einem Winkel von 45° an. Bohren Sie in das Bodenbrett an zwei Stellen ein Loch als Abfluss für Wasser; bohren Sie, wo nötig, die Schraublöcher vor.

Das brauchen Sie

- Stichsäge
- Handbohrer oder Bohrmaschine
- Hammer, Beißzange
- 1 Brett aus massivem, unbehandeltem Fichten- oder Kiefernholz, Maße 130 x 22 cm, Dicke 20 mm
- 2 dünne Holzleisten à 20 cm Länge, 1 x 4 cm
- 2 dünne Holzleisten à 42 cm Länge, 1 x 4 cm
- 4 Kanthölzer à 3 x 3 cm, 25 cm Länge
- 1 Kantholz, 3 x 3 cm, 45 cm Länge
- Nägel, Senkkopfschrauben
- Holzleim
- Leinöl

- Leimen Sie die Holzleisten von außen an das Bodenbrett, und befestigen Sie sie zusätzlich mit Nägeln. Die Leisten sollen verhindern, dass das Futter herunterfällt. Befestigen Sie dann in den Ecken des Bodenbretts die vier Kanthölzer, indem Sie sie erst anleimen und anschließend von unten anschrauben. Die Abschrägung ist oben und weist nach außen.
- Leimen Sie die schmalere Dachplatte an das First-Kantholz, dann verschrauben Sie beide miteinander. Dann setzen Sie die andere Dachplatte dagegen, verleimen und verschrauben sie ebenfalls mit dem Kantholz.
- Schrauben Sie in das Dach die Schraubösen als Vorrichtung zum Aufhägen an einem Baum. Daran können Sie eine Kette oder auch einen Drahtbügel befestigen. Setzen Sie das Dach nun auf die vier Eckpfeiler und verleimen und verschrauben alles miteinander.
- Zum Abschluss streichen Sie das Futterhaus noch mit Leinöl als Schutz gegen die Witterung ein.
- Statt der Aufhängung können Sie das Häuschen auch auf einem Pfahl befestigen, den Sie vorher in den Boden gerammt haben.

BAU EINES FUTTERBRETTS

Menschen, die Vögel füttern wollen, denken an den Bau eines Futterhäuschens oder an das Zubereiten von Fettfutter. Dass es eine Reihe von Vogelarten gibt, die ihr Futter nur oder bevorzugt auf dem Boden suchen und ein erhöht angebrachtes Futterhäuschen nicht besuchen würden, ist nur wenigen bekannt. Doch Vögel machen es an Fütterungen wie bei der Futtersuche in der Natur. Hüpfen oder laufen sie dabei am Boden, dann besuchen sie auch Bodenfütterungen. Zu deren Gästen gehören zum Beispiel alle Drosseln, Buch- und Bergfinken, Ammern, Tauben und in der freien Natur auch Hühner wie Fasan und Rebhuhn.

Dass es aus verschiedenen Gründen ungünstig ist, Futter einfach auf den Boden zu streuen, haben Sie bereits gelesen (siehe Seite 39). Wenn Sie also all diesen Vögeln eine spezielle Fütterungsstelle bieten wollen, finden Sie hier den Bauplan dafür.

So gehen Sie vor

- Leimen Sie auf dem Brett die kürzeren Holzleisten auf den Rand, sie sollen verhindern, dass das Futter vom Brett herunterfällt.
- Befestigen Sie auf der Unterseite des Brettes an den Ecken die Holzklötzchen als Füßchen. Dadurch liegt das Brett nicht direkt auf dem Boden und kann keine Feuchtigkeit ziehen.
- Verschrauben Sie vier der längeren dünnen Leisten mithilfe der Flachwinkel zu einem quadratischen Rahmen. Zwei der längeren

Das brauchen Sie

- Holzbrett, ca. 100 x 100 cm, Dicke 20 mm
- 4 Holzklötzchen à 3–4 cm Kantenlänge und 5 cm Höhe
- 4 Holzpfähle (gerade Äste, Holzlatten etc.) von 30–40 cm Höhe
- 4 dünne Holzleisten à 100 cm Länge, 1 x 4 cm
- 6 dünne Holzleisten à 110 cm Länge, 2 x 2 cm
- 4 Flachwinkel mit Schrauben
- Schilfmatte, ca. 120 x 120 cm
- Nägel, Hammer
- Holzleim

Leisten legen Sie anschließend quer darüber und nageln sie am Rahmen fest.

- Mit dem vorbereiteten Brett, dem Rahmen und den Holzpfählen gehen Sie nun an die Stelle, an der Sie das Futterbrett aufstellen wollen. Stellen Sie das Brett auf den Boden. Schlagen Sie die vier Pfähle an den Ecken in den Boden. Nageln Sie dann den Rahmen auf den Pfählen fest, legen Sie die Schilfmatte als Regenschutz darüber und befestigen Sie diese auf dem Rahmen.

Einfachere Varianten eines Futterbretts

Statt das oben genannte Futterbrett zu zimmern, können Sie sich die Arbeit erleichtern:

- Entfernen Sie von einer stabilen Holzkiste mit Deckel zwei Seitenwände, die über Eck stehen, und stützen Sie nun die offene Ecke mit einem entsprechend hohen Stöckchen ab.
- Befestigen Sie an den Ecken eines Servierbretts Ketten, mit denen Sie das Brett an einen Ast hängen können. Die Ketten sollten so lang sein, dass das Brett knapp über dem Boden schwebt.
- Bauen Sie nur den Futtertisch wie oben beschrieben, lassen aber das Dach weg. Nachteil: Wenn es schneit oder regnet, müssen Sie das Futter oft wechseln.

EINE FETTFUTTERGLOCKE HERSTELLEN

Eine solche Glocke können Sie ganz einfach selbst fertigen. Das hat außerdem den Vorteil, dass Sie wissen, dass das Futter von einwandfreier Qualität ist. Ranziges Fett und alte Getreideflocken können nämlich zu schweren Verdauungsstörungen bei den Vögeln führen. Was Sie für selbst gemachtes Fettfutter brauchen, ist in der unten stehenden Liste zusammengefasst.

Mit Fettfutter kann man vielerlei Formen füllen. Im Handel gibt es Futterglocken, Futterringe oder Meisenknödel. Diese können Sie beliebig mit geeignetem Futter befüllen. Gut verwenden lassen sich auch umgedreht aufgehängte tönerne Blumentöpfe, halbe Kokosschalen oder ausgehöhlte Holzscheiben. Aufgehängt werden die fertigen Fettfuttergeräte am besten nicht in der prallen Sonne, damit das Fett nicht heraustropft. Geeignet ist ein schattiger Platz, der aber dennoch offen ist, damit sich kein Feind unbemerkt anschleichen kann.

Den Rest des Fettfutters können Sie an die Rinde verschiedener grobborkiger Bäume streichen. Darüber freuen sich Vogelarten, die ihre Nahrung in diesem Bereich suchen, etwa Kleiber und Buntspecht.

Das brauchen Sie

- 500 g ungehärtetes Kokosfett oder ungesalzenen Rindertalg
- 50 g Speiseöl, möglichst geschmacksneutral; kein Olivenöl
- 1 kg Samenmischung (Zusammensetzung siehe unten)
- Stecken oder Ast (etwa dreifache Länge der Glocke) für Futterglocken und Kokosnussschalen
- Aufhängungen für die Formen (Schnüre, Draht etc.)

Samenmischung für Körnerfresser: 1 kg Samenmischung, bestehend aus ca. 650 g Sonnenblumenkernen, 250 g Hanfsaat sowie 100 g Haferflocken, Leinsamen, Erdnussbruch, Raps etc.; Sie können auch handelsübliches Waldvogelfutter (siehe Seite 28) verwenden.

Samenmischung für Weichfresser: 500 g Samenmischung, bestehend aus Weizenkleie, getrockneten Beeren, etwas Holunder, Weißdorn, Eberesche, Hagebutten und Haferflocken.

So gehen Sie vor

- Als Erstes müssen Sie den Tontopf vorbereiten. Damit die Vögel das Futter nicht im Flug aufnehmen müssen, brauchen sie eine Sitzgelegenheit. Stecken Sie dazu den Stock durch das Loch im Boden des Topfes, er sollte oben und unten mindestens 10 cm herausschauen. Befestigen Sie dann den Stock knapp unter- und oberhalb des Loches mit einem Nagel. Den Spalt zwischen Stock und Loch verschließen Sie mithilfe einer dünnen, in Öl getränkten Kordel, die Sie um den Stock innen am Loch wickeln.
- Lassen Sie dann das Kokosfett bzw. den Rindertalg in einem großen Topf auf kleiner Flamme schmelzen, es darf nicht zu heiß werden. Da das Fett bei Frosttemperaturen sehr hart wird und dann kleinere Vögel eventuell Probleme haben, die Sämereien herauszupicken, mischen Sie etwas Speiseöl unter die geschmolzene Masse (maximale Menge im Verhältnis 1:5). Dann rühren Sie in das Fett die vorbereitete Samenmischung ein. Es sollte ein zäher Brei entstehen. Geben Sie aber nicht mehr Körnermischung als angegeben in das Fett, da das Futter sonst zu bröselig wird.
- Das Ganze muss nun etwas abkühlen, bevor Sie es in die Form füllen. Wenn das Fett-Körner-Gemisch zu erstarren beginnt, ist der richtige Zeitpunkt gekommen.
- Am oberen Ende des Tontopfes befestigen Sie am herausragenden Stock die Aufhängung, etwa einen Draht.

BAU EINES NISTKASTENS

Sie brauchen kein außergewöhnliches handwerkliches Geschick, um aus einem Brett eine Wohnstatt für Meisen & Co. zu zimmern. Auch das dafür nötige Werkzeug ist in den meisten Haushalten vorhanden.

So gehen Sie vor

- Sägen Sie aus dem Holzbrett die Wände für den Nistkasten nach den angegebenen Maßen aus. Bohren Sie in das Bodenbrett zwei Löcher. Sägen Sie in der Vorderwand das Einflugloch aus. Der Durchmesser richtet sich nach der Vogelart, die im Nistkasten brüten soll (siehe Seite 58).
- Dann setzen Sie zuerst die Rückwand und dann die beiden Seitenwände am Boden an und befestigen sie dort mit je 2 Holzschrauben. Zuvor bestreichen Sie die Kanten mit Holzleim.
- Auf die gleiche Weise befestigen Sie das Brettchen für das Dach.
- Da Sie die Vorderwand zur späteren besseren Reinigung des Nistkastens öffnen müssen, darf sie nicht festgeschraubt werden. Um sie nach oben aufklappen zu können, befestigen Sie mittig am oberen äußeren Rand der Vorwand und am Dach das Scharnier mit den Holzschrauben.
- Damit die Front nicht aus Versehen aufgeht, brauchen Sie die Ösen und Haken. Befestigen Sie beide Ösen links und rechts im unteren Bereich der Front und die beiden Haken so an der Stirnkante der Seitenwände, dass sie in die Ösen greifen.
- Bohren Sie in das obere und untere Ende der Leiste je ein Loch für die Aufhängung. Dann das Häuschen an der Leiste festschrauben.

Das brauchen Sie

- Stichsäge, Handbohrer oder Bohrmaschine
- Hammer, Beißzange
- 1 Brett aus massivem, unbehandeltem Fichten- oder Kiefernholz, möglichst nicht gehobelt, Maße 150 x 18 cm, Dicke 20 mm
- 1 Leiste, 60 cm lang, 5 x 3 cm
- Holzschrauben, etwa doppelt so lang, wie das Brett dick ist
- passenden Schraubenzieher
- Scharnier und Holzschrauben
- je 2 Haken und Ösen
- Holzleim

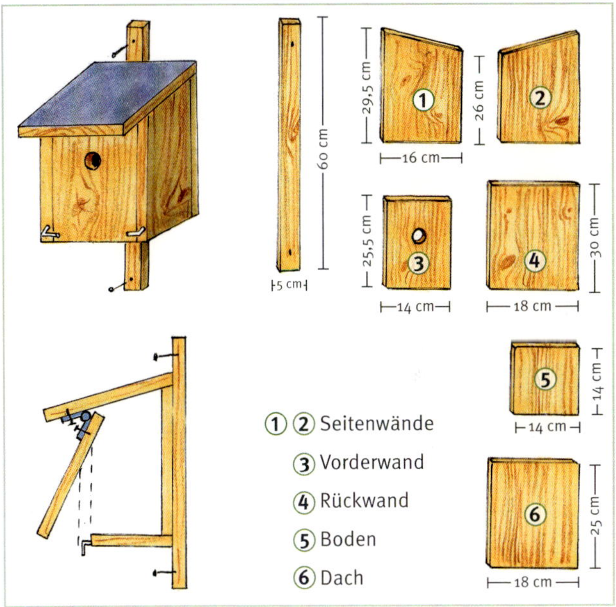

Variante: Sie können knapp unter dem Einflugloch noch eine Sitzstange anbringen. Dafür benötigen Sie noch ein Rundholz von 10–15 cm Länge. Um es zu befestigen, bohren Sie ein Loch in die Vorderseite, nachdem Sie das Einflugloch ausgesägt haben. In das Loch klemmen Sie die Sitzstange ein und kleben sie fest.

Tipp: Damit Wind und Wetter dem Häuschen nicht zu viel anhaben können, sollten Sie es entweder mit Leinöl (Bastelbedarf, Heimwerkermarkt) bestreichen oder auf das Dach eine Dachpappe aufnageln.

Ein solches Häuschen beziehen – je nach Größe – verschiedene Höhlenbrüter, wie Meisen, Kleiber oder Star. Durch Verändern der Maße können Sie daraus einen größeren oder kleineren, tieferen oder höheren Nistkasten machen und damit andere Vogelarten anlocken. Mit geraden Seitenwänden und halboffener Front, aber doppelt so tief haben Sie eine Halbhöhle gezimmert, in der zum Beispiel Hausrotschwanz, Bachstelze, Rotkehlchen oder Grauschnäpper ihre Jungen aufziehen.

WEITERE NISTHILFEN IM GARTEN

Nicht alle Vögel ziehen ihren Nachwuchs im Schutz einer Höhle oder eines Nistkastens auf. Es gibt auch viele Arten, die ihre Nester in Baumkronen, in Sträuchern, im Pflanzenbewuchs am Boden oder auf Gesimsen bauen. Auch diesen sogenannten Freibrütern können Sie bei der Wohnungssuche behilflich sein.

Nisttaschen

Sie werden sehr gern von Amseln, Singdrosseln, Zaunkönigen, Heckenbraunellen, Mönchsgrasmücken oder Gartenbaumläufern angenommen und lassen sich problemlos in jedem Garten anbringen.

So gehen Sie vor

- Befestigen Sie etwa in Kopfhöhe die Birken- oder Weidenruten mit den Zweigspitzen nach unten mit Schnur an einem Baumstamm. Bitte keinen Draht verwenden, er schnürt sich in die Rinde ein und verletzt die Leitungsbahnen im Stamm. Als Himmelsrichtung wählen Sie Osten oder Süden.
- Biegen Sie nun das Büschel nach oben und binden die Zweigspitzen mithilfe von Schnur ebenfalls am Stamm fest. Jetzt ist ein kleiner Hohlraum entstanden.
- Legen Sie das Drahtnetz um die Tasche als Schutz vor Nesträubern, und befestigen Sie es an der Schnur. Lassen Sie für die Vogel-eltern einen kleinen Durchschlupf seitlich am Stamm.
- Nun wird das Ganze noch mit Kiefernzweigen verblendet, damit die brütenden Vögel ungestört sind. Den Durchschlupf offen lassen.

Variante: Statt der Birken- oder Weidenzweige können Sie auch Kiefernzweige für den Bau der Nisttasche verwenden. Sie sparen sich so das Verblenden mit den Kiefernzweigen. Fichtenzweige sind ungeeignet, weil sie schnell nadeln und dann keinen Schutz mehr bieten.

Das brauchen Sie für die Nisttasche

- ein Büschel gut biegsamer Birken- oder Weidenruten, etwa gleich lang, knapp 1 m lang
- Schnur, Juteseil
- kleinmaschiges Drahtgeflecht
- frische Kiefernzweige zum Verblenden

Nistbrettchen

Sie bestehen aus einem quadratischen Holzbrettchen mit der Kantenlänge 12–15 cm, auf das Sie als Schutz vor dem Herunterfallen vier kleine Leisten entlang des Rands kleben. Wird das Brett knapp unter der Dachrinne an eine Hauswand gehängt, eignet es sich als Unterlage für die Nester von Grauschnäppern, aber auch Schwalben.

Nistquirle binden

Wachsen in Ihrem Garten Heckensträucher, können Sie in einem der Sträucher aus den Ästen und Zweigen sogenannte Nistquirle binden. Nehmen Sie dazu mehrere dicht beieinanderstehende Zweige, die auch ineinander verflochten sein können. Binden Sie diese oben zusammen, sodass ein Hohlraum von mindestens der Größe einer Männerfaust entsteht. Darin bauen Amseln, Grasmücken, Girlitze oder Bluthänflinge ihre Nester.

Nistquirle schneiden

Wenn Sie Ihre Sträucher ausschneiden, halten Sie in einem Weißdorn oder in einer Hainbuche Ausschau nach einer Stelle, an der drei oder mehr Äste herauswachsen. Kürzen Sie diese so ein, dass eine korbähnliche Plattform entsteht. Die nachwachsenden Triebe umrahmen die kleine Plattform und bieten Halt für ein Vogelnest.

ANSPRÜCHE DER HÄUFIGSTEN FUTTERHAUSGÄSTE

Vogelart	Futtersorten	Fütterort
Amsel	in Fett getauchte Haferflocken, getrocknete Beeren, gehackte Nüsse, Erdnussbruch, Weichfresserfutter, Fettfutter, Fallobst	Futterbrett am Boden, Futterhäuschen
Bachstelze	Weichfresserfutter, Fettfutter	Futterbrett am Boden
Bergfink	grobe Sämereien wie Sonnenblumenkerne, geschrotetes Getreide, zerkleinerte Nüsse, in Fett getauchte Haferflocken, Trockenbeeren	Futterbrett am Boden
Blaumeise	fetthaltige Samen wie Sonnenblumenkerne, Hanf oder Nüsse, getrocknete Beeren, Fettfutter	Futterhäuschen, Meisenknödel, Fettfutterglocken
Bluthänfling	kleinere Sämereien wie Rübsen, Nigersaat, Leinsamen, Sesam oder Hirse, Erdnussbruch, Waldvogelfutter	Futterhäuschen
Buchfink	Sonnenblumenkerne, Hanf oder Sesam, Erdnussbruch, Haferflocken, Fettfutter	Futterbrett am Boden
Buntspecht	Nüsse und Sonnenblumenkerne, Erdnüsse, Fettfutter	Futterhäuschen, Meisenknödel, Fettfutterglocken

Vogelart	Futtersorten	Fütterort
Eichelhäher	Fettfutter, ölreiche Samen wie Sonnenblumenkerne, Erdnüsse, Haselnüsse, andere Nüsse, Getreide, Trockenbeeren	Futterhäuschen, Futterbrett am Boden
Erlenzeisig	feine Sämereien, Fettfutter	Fettfutterglocken, Meisenknödel, Futterbrett am Boden
Feldsperling	kleinere Sämereien wie Hirse, Sesam, Mohn, Nigersaat, Rübsen, geschrotetes Getreide, Haferflocken, Fettfutter, Erdnussbruch	Meisenknödel, Fettfutterglocken, Futterhäuschen
Gartenbaumläufer	Fettfutter, auch ölhaltige Saaten wie Raps, Leinsamen, Mohn, getrocknete Beeren, Weichfresserfutter	Meisenknödel, Fettfutterglocken, Futterhäuschen
Goldammer	geschrotete Getreidekörner, in Fett getauchte Haferflocken, Hirse, Mohn oder andere kleinere Sämereien	Futterbrett am Boden
Grauspecht	Fettfutter, Sämereien, getrocknete Beeren, Obst	Futterhäuschen, Meisenknödel, Fettfutterglocken
Grünfink	ölhaltige Samen wie Sonnenblumenkerne, Hanf, Mohn, Nüsse, getrocknete Beeren und Früchte	Futterhäuschen, Meisenknödel, Fettfutterglocken

Vogelart	Futtersorten	Fütterort
Haubenmeise	Fettfutter, Sonnenblumenkerne, Hanfsamen oder Erdnussbruch	Meisenknödel, Fettfutterglocken
Haussperling	Getreide und andere Körner, Haferflocken, Erdnussbruch, getrocknete Beeren	Futterbrett am Boden, Futterhäuschen
Heckenbraunelle	kleinere Sämereien wie Leinsamen, Hirse, Nigersaat oder Mohn, feiner Erdnussbruch, auch Fettfutter und Weichfresserfutter	Futterbrett am Boden
Kernbeißer	Körner aller Art, v. a. ölhaltige Samen wie Nüsse, Erdnüsse, Sonnenblumenkerne oder Hanfsamen	Futterhäuschen
Kleiber	getrocknete Beeren, Erdnüsse, Sonnenblumenkerne oder Hanfsamen, Talg, Fettfutter	Futterhäuschen, Meisenknödel, Fettfutterglocken
Kohlmeise	Fettfutter, fettreiche Samen wie Nüsse, Sonnenblumenkerne, Hanfsamen	Futterhäuschen, Meisenknödel, Fettfutterglocken
Rotdrossel	getrocknete Beeren und Früchte, Fallobst, Weichfresserfutter	Futterbrett am Boden
Rotkehlchen	getrocknete Beeren, in Öl getauchte Haferflocken, feine Sämereien, feiner Erdnussbruch, Weichfresserfutter, Fettfutter	Futterbrett am Boden

Vogelart	Futtersorten	Fütterort
Seidenschwanz	getrocknete Beeren und Früchte, Obst	Futterhäuschen
Star	in Öl getauchte Haferflocken, getrocknete Beeren, Fettfutter, Weichfresserfutter	Futterbrett am Boden, Futterhäuschen, Meisenknödel, Fettfutterglocken
Stieglitz	feine Sämereien wie Hirse, Raps, Nigersaat, Hanf, zerkleinerte Nüsse, Sonnenblumenkerne, Waldvogelfutter	Futterhäuschen
Tannenmeise	fetthaltige Samen wie Nüsse, Erdnüsse, Sonnenblumenkerne oder Hanf, Fettfutter	Futterhäuschen, Meisenknödel, Fettfutterglocken
Türkentaube	Haferflocken, geschrotetes Getreide, Erdnussbruch, Sonnenblumenkerne, Hanf und andere Sämereien	Futterbrett am Boden, Futterhäuschen
Wacholderdrossel	getrocknete Früchte, Beeren, Fallobst, Nüsse, Sonnenblumenkerne, in Fett getauchte Haferflocken, Weichfresserfutter	Futterbrett am Boden
Zaunkönig	Weichfresserfutter, Fettfutter, in Öl getauchte Haferflocken	Futterbrett am Boden, Futterhäuschen

Stammgäste am Futterhaus

Tannenmeise

(Parus ater)

Auf der Suche nach Nahrung turnen die Tannenmeisen in den Kronen von Nadelbäumen bis in die äußersten Zweigspitzen und suchen mit ihrem feinen Schnabel nach kleinen Samen und Insekten. Im Garten bezieht die Tannenmeise, die kleinste bei uns heimische Meisenart, Nistkästen, die hoch in einem Nadelbaum hängen und ein Einflugloch von maximal 26 mm Durchmesser haben.

BEOBACHTUNGSZEIT/BRUTZEIT

J	F	M	A	M	J	J	A	S	O	N	D

VERBREITUNG

Unsere kleinste Meise ist ab Herbst ein häufiger Gast an Fütterungen.

VORKOMMEN hauptsächlich Nadel- und Mischwälder, v. a. mit Fichten; auch Parks und große Gärten mit Nadelbäumen; häufig

GRÖSSE Länge 11,5 cm, FSW 17–21 cm

MERKMALE oberseits blaugrau, unterseits beige; Kopf schwarz mit weißen Wangenflecken und weißem Nackenfleck; Geschlechter gleich. Rufen bei der Nahrungssuche häufig »zi zi zi«, auch »psit«; Gesang »zewi-zewi-zewi ...«, ist fast das ganze Jahr über zu hören

BRUT Nest in Baumhöhlen, morschen Baumstümpfen, auch in Mauerlöchern oder sogar in verlassenen Mäuselöchern; bezieht Nistkästen

NAHRUNG zur Brutzeit kleine Insekten, deren Larven und Spinnen, im Herbst und Winter Samen, v. a. von Nadelbäumen, aber auch Buchen; nehmen an Kleinvogelfütterungen bevorzugt fetthaltige Samen wie Nüsse, Erdnüsse, Sonnenblumenkerne oder Hanf, gehen auch an Meisenknödel und Fettfutterglocken

Typisch

Außerhalb der Brutzeit ziehen die Tannenmeisen in gemischten Meisentrupps umher. Dann besuchen sie regelmäßig Fütterungen. Manche Vögel verlieren dort ihre Menschenscheu so weit, dass sie sich aus der Hand füttern lassen.

Blaumeise

(Parus caeruleus)

VERBREITUNG

Die Blaumeise fällt durch ihr farbenfrohes Gefieder auf. Man sieht sie auch innerhalb von Siedlungen recht häufig. Um die Blaumeise, die mit der größeren Kohlmeise um Nistmöglichkeiten konkurriert, gezielt zu unterstützen, sollte man Meisenkästen aufhängen, bei denen der Durchmesser des Einflugslochs nicht mehr als 26 mm beträgt. Andernfalls belegen größere Singvogelarten das Quartier.

VORKOMMEN unterwuchsreiche Laub- und Mischwälder, Heckenlandschaften; Parks, Friedhöfe und Gärten mit älteren Laubbäumen, gern Eichen; häufig

GRÖSSE Länge 11–12 cm, FSW 17–20 cm

MERKMALE in Europa der einzige Kleinvogel mit blau-gelbem Gefieder, Kopf blau-weiß-schwarz gefärbt, Rücken grünlich grau, Bauch gelb; Geschlechter gleich. Nasales Zetern bei Störung, feine, hohe Rufe wie »tsie-tsie« oder »tii-tii«; Gesang aus gedehnten hellen Tönen und Trillern

BRUT Nest in Baumhöhlen, Mauerlöchern oder anderen Höhlungen; bezieht Nistkästen, baut ihr Nest auch in ungewöhnlichere »Nothöhlen« wie Briefkästen oder Lampenschalen

NAHRUNG zur Brutzeit v. a. Insekten, deren Larven und Spinnen, ab Herbst auch Samen, Beeren und Früchte, im Winter Sämereien; »trinken« im Frühjahr den Nektar von Obstbaumblüten oder Weidenkätzchen; nehmen an Fütterungen fetthaltige Samen wie Sonnenblumenkerne, Hanf oder Nüsse, auch getrocknete Beeren, turnen geschickt an Meisenknödeln oder Fettfutterglocken

BEOBACHTUNGSZEIT/BRUTZEIT

J	F	M	A	M	J	J	A	S	O	N	D

Typisch

Im Winter besuchen Blaumeisen häufig Fütterungen, wo sie recht vertraut werden. Die harten Schalen von größeren Samen wie Sonnenblumenkernen öffnen sie, indem sie diese geschickt mit ihren Zehen an einem Ast festklemmen und mit dem Schnabel gezielt aufhacken.

Sumpfmeise
(Parus palustris)

Sumpfmeisen bleiben das ganze Jahr über in ihrem Revier. Ihrem Namen zum Trotz bewohnen sie keine sumpfigen Gebiete, sondern feuchte wie trockene Wälder sowie Siedlungen. Vogelpaare bleiben über mehrere Jahre zusammen. Die Sumpfmeise unterscheidet sich von der sehr ähnlichen Weidenmeise (Parus montanus) *durch die glänzende, im Nacken weniger weit nach unten reichende Kappe.*

VORKOMMEN Laub- und Laubmischwälder, Feldgehölze, Gärten und Parks mit Gebüsch und alten Bäumen; häufig

GRÖSSE Länge 11,5 cm, FSW 18–19,5 cm

Typisch

Sumpfmeisen fallen an Fütterungen kaum ins Auge, weil sie sich weit weniger auffällig verhalten als ihre Schwestern, die Kohl- und Blaumeisen. Sie tragen oft mehrere Samen im Schnabel von Fütterungen weg und verstecken sie einzeln in Rindenspalten und Ritzen.

MERKMALE oberseits graubraun, unterseits weißlich beige, glänzend schwarze Kappe, schwarzer Kehllatz; Geschlechter gleich. Rufen laut »pistjä« oder nasal »zjä-dä-dä«; Gesang monoton gereihte Töne wie »tjetjetje ...«

BRUT Nest in Baumhöhlen morscher Bäume, in ausgefaulten Astlöchern oder Mauerlöchern; beziehen selten Nistkästen

NAHRUNG zur Brutzeit Insekten, Larven und Spinnen, auch Samen von Kräutern und Gräsern, ab Herbst auch Beeren, Samen und Nüsse; besuchen regelmäßig Fütterungen, nehmen dort Hanfsamen, Hirse und andere kleinere Samen, gehen auch an Meisenknödel oder Fettfutterglocken; legen Futtervorrat aus Samen an

VERBREITUNG

BEOBACHTUNGSZEIT/BRUTZEIT

J F M A M J J A S O N D

Girlitz

(Serinus serinus)

Der Girlitz ist der kleinste Finkenvogel im mitteleuropäischen Raum. Außerhalb der Brutzeit suchen die Vögelchen meist gemeinsam mit Artgenossen in kleinen Trupps nach Nahrung. Einzelne mitteleuropäische Girlitze verbringen den Winter inzwischen im Brutgebiet, die meisten ziehen in der kalten Jahreszeit nach Süd- oder Westeuropa bzw. Nordafrika, um dort zu überwintern. Da Girlitze vor allem Kräutersamen fressen, können Sie die kleinen Vögel mit einer Wildblumenwiese, die nur ab und an gemäht wird, oder mit Hochstauden, deren Fruchtstände nicht abgeschnitten werden, in den Garten locken.

VORKOMMEN kleinräumige Kulturlandschaft mit Baumgruppen, Büschen und krautreichen Flächen, Parks und Gärten mit hohen Bäumen, Streuobstflächen; verbreitet, aber nicht überall häufig

GRÖSSE Länge 11–12 cm, FSW 18–20 cm

MERKMALE winziger Schnabel, Gefieder überwiegend grünlich grau mit dunkler Strichelung, Bürzel leuchtend gelb; Männchen (Foto) mit Gelb an Kopf und Brust, Weibchen mit matteren Farben, unterseits auf hellem Grund dunkel gestrichelt. Rufen »girlitt«; Gesang anhaltend hoch, quietschend, wird auf hoher Singwarte oder im Singflug schnell vorgetragen

BRUT kunstvolles Napfnest, gut versteckt halbhoch in Bäumen oder in hohen Büschen, im Garten auch in dichter Wandbegrünung

NAHRUNG feine Samen von krautigen Pflanzen, im Frühjahr Knospen, selten Insekten; nehmen an Fütterungen kleinere Samen wie Sesam, Mohn, Hanf, Waldvogelfutter oder Kanarienvogelfutter

BEOBACHTUNGSZEIT/BRUTZEIT

J	F	M	A	M	J	J	A	S	O	N	D

Typisch

Zur Nahrungssuche halten sich Girlitze gern am Boden auf. An Fütterungen suchen sie deshalb oft unterhalb des Häuschens am Boden nach Körnern.

winziger Kegelschnabel

VERBREITUNG

Erlenzeisig

(Carduelis spinus)

Erlenzeisige verhalten sich zur Brutzeit sehr unauffällig. Im Herbst und Winter streifen sie dagegen gesellig in großen Trupps umher. Wenn sie in den Kronen von Erlen, Birken oder Fichten herumturnen, wird man meist durch ihr eifriges Gezwitscher auf sie aufmerksam.

VORKOMMEN lichte Nadel- und Mischwälder mit Fichten, offene Kulturlandschaft, im Winter oft auf Erlen und Birken lückig verbreitet

Das Erlenzeisig-Männchen unterscheidet sich vor allem durch Schwarz an Scheitel und Kinn vom Weibchen.

GRÖSSE Länge 11,5–12,5 cm, FSW 20–23 cm

MERKMALE oberseits olivgrün mit feinen, dunklen Strichen; Männchen: schwarze Stirn und Kopfplatte, dunkler Kinnfleck, gelber Überaugenstreif und Halbmond hinter den grünlich gelben Wangen; Weibchen: viel blasser, unterseits kräftig gestrichelt; bei beiden Schwanz tief gekerbt, im Flug leuchtend gelbe Flügelbinden und gelber Bürzel. Flugruf klagend »di-äh« oder »tüli«; Gesang hastig zwitschernd, mit Imitationen anderer Vogelarten, stets mit gedehntem Endlaut, ist ab Ende Januar zu hören

Typisch

Bei der Nahrungssuche hangeln Erlenzeisige akrobatisch kopfüber an Erlenzapfen oder Blütenkätzchen der Birken. An Fütterungen verhalten sie sich recht zänkisch und vertreiben auch größere Vögel.

BRUT sehr kleines, tiefes Napfnest oft hoch in einer Fichte am Ende eines Zweigs

NAHRUNG Samen von Bäumen und Stauden wie Erlen, Birken, Fichten, Kiefern und Disteln, auch Beeren, Knospen, Insekten und deren Larven; kommt an Fütterungen vor allem ab Spätwinter und im Frühjahr, nimmt feine Sämereien, Fettfutter, hangelt gern an Fettfutterglocken und Meisenknödeln; Nahrungssuche auch am Boden – deshalb kann man im Garten kleine Sämereien auf einem Futterbrett anbieten

VERBREITUNG

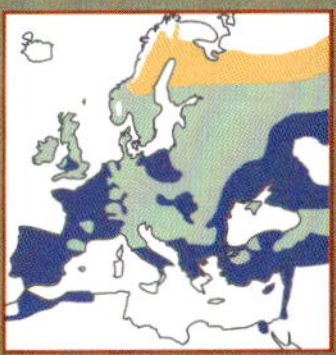

BEOBACHTUNGSZEIT/BRUTZEIT

J	F	M	A	M	J	J	A	S	O	N	D

Stieglitz

(Carduelis carduelis)

Mit seinem bunten Federkleid ist der Stieglitz einmalig in der heimischen Vogelwelt. Wegen seiner Vorliebe für Distelsamen heißt er auch Distelfink. In Regionen mit milden Wintern und in winterwarmen Gegenden bleiben die Vögel in ihrem Brutrevier, nur in Gebieten mit strengen Winterfrösten ziehen sie nach Süden. Die Vögel streifen in der kalten Jahreszeit auf der Suche nach samentragenden Bäumen, Kräutern und Stauden umher. In den Garten können Sie Stieglitze locken, wenn Sie die Fruchtstände von Hochstauden stehen lassen.

VORKOMMEN Waldränder, abwechslungsreiche Kulturlandschaft mit Hecken und Gebüsch, Brachflächen mit Stauden (sog. Unkrautfluren), Obstgärten, Parks und Gärten mit alten Laubbäumen; häufig

GRÖSSE Länge 12–13 cm, FSW 21–25 cm

MERKMALE unverkennbar durch ihr rotes Gesicht, den schwarz-weißen Kopf und den gelben Flügelstreif; im Flug auffällig weißer Bürzel sichtbar; Weibchen etwas blasser. Ruf wie »stigelitt« oder »didlitt«; Gesang melodiös, aus zwitschernden und trillernden Tonfolgen mit eingestreuten Rufen, ist auch außerhalb der Brutzeit zu hören

Stieglitz an der Futtersäule: Er bevorzugt kleinere Samen.

BRUT zierliches Napfnest in den äußeren Zweigen hoch in einem Laubbaum

NAHRUNG hauptsächlich Samen der verschiedensten Pflanzen, v. a. Hochstauden und Korbblütler wie Disteln, auch Baumsamen (Erlen, Birken, Kiefern), zur Brutzeit auch Insekten; nehmen an Fütterungen feine Sämereien wie Hirse, Raps, Nigersaat oder Hanf, zerkleinerte Nüsse, Sonnenblumenkerne oder Waldvogelfutter

VERBREITUNG

BEOBACHTUNGSZEIT/BRUTZEIT

J	F	M	A	M	J	J	A	S	O	N	D

Typisch

Stieglitze streifen außerhalb der Brutzeit in Familientrupps umher. Bei der Nahrungssuche turnen sie geschickt auf den Samenständen von Stauden. An Futterstellen halten sich Stieglitze eher auf dem Boden unter der Futterstelle auf.

Rotkehlchen

(Erithacus rubecula)

Rotkehlchen sieht man das ganze Jahr über häufig. Im Winter bekommen heimische Vögel Gesellschaft von Populationen aus nördlichen Gegenden. Ein Teil der heimischen Vögel zieht in Richtung Süden. Um Rotkehlchen in den Garten zu locken, können Sie in einer Ecke das Schnittgut von Sträuchern und Bäumen aufhäufen. Sie nutzen dieses Versteck dann gern als Nistplatz.

VORKOMMEN unterholzreiche Wälder aller Art, kleinräumige Kulturlandschaft mit Feldgehölzen, Hecken und Gebüsch, gut strukturierte Parks und Gärten, auch mitten in Großstädten; häufig

GRÖSSE Länge 13–14 cm, FSW 20–22 cm

MERKMALE Gesicht bis Brust orangerot, Augen groß, dunkel, Oberseite und Schwanz graubraun, Unterseite weißlich; Geschlechter gleich. Rufe kurz, hoch, bei Erregung abgehackt wie »zick«, oft zu einem »Schnickern« gereiht; Gesang sehr melodisch mit melancholischem Klangcharakter, ist in der frühen Morgendämmerung und bis weit in den Abend hinein zu hören; auch Weibchen singen

BRUT napfförmiges Nest, gut geschützt im Bodenbewuchs, in einer Höhlung im Boden, in Mauerlöchern, in dichter Wandbegrünung wie Efeu; beziehen auch niedrig hängende Halbhöhlen-Nistkästen

NAHRUNG Insekten und deren Larven, Spinnen, Schnecken, Würmer, nach der Brutzeit auch Beeren und Samen; kommen regelmäßig an Fütterungen, nehmen dort getrocknete Beeren, in Öl getauchte Haferflocken, feine Sämereien, Weichfresserfutter, Fettfutter; Nahrungssuche gern auf dem Boden, deshalb Sämereien breitwürfig auf den Boden streuen

BEOBACHTUNGSZEIT/BRUTZEIT

J	F	M	A	M	J	J	A	S	O	N	D

Gesicht, Kehle und Brust orange

VERBREITUNG

Typisch

Beide Geschlechter besetzen außerhalb der Brutzeit Reviere, die sie meist vehement gegen Artgenossen verteidigen. Ebenso aggressiv können sie sich am Futterhaus verhalten.

Kleiber

(Sitta europaea)

Kleiberpaare bleiben ein Leben lang zusammen. Auch im Winter verteidigen sie ihr Revier gegen Artgenossen. Ist der Eingang ihrer Bruthöhle zu groß, so wird er mit einer Mischung aus Speichel und Lehm oder feuchter Erde so weit verkleinert, dass kein größerer Konkurrent oder Fressfeind Zugang findet. Kleiber besuchen im Winter gern Fütterungen in der Nähe älterer Bäume.

VORKOMMEN ältere Laub- und Mischwälder, Alleen und Hecken, Feldgehölze, Parks und Gärten mit grobborkigem Baumbestand, auch mitten in Großstädten; weit verbreitet und häufig

GRÖSSE Länge 13–14,5 cm, FSW 18–22 cm

MERKMALE spitzer, spechtartiger Schnabel, langer schwarzer Augenstreif, Oberseite und Bürzel blaugrau, Unterseite hell rostfarben; Geschlechter gleich. Schallende »tuitt«-Rufe, meist gereiht; Gesang durchdringend, aus flötenden, pfeifenden und trillernden Tönen

BRUT Nest in einer Baumhöhle, meist einer Spechthöhle, beziehen auch Nistkästen

NAHRUNG Insekten, deren Larven und Spinnen, im Herbst und Winter Baumsamen, Nüsse und Beeren; nehmen an Fütterungen getrocknete Beeren, Nüsse, Sonnenblumenkerne oder Hanfsamen, Talg, kommen auch an Fettfutterglocken oder Meisenknödel

Typisch

An Fütterungen dominieren Kleiber aufgrund ihrer Größe die anderen Kleinvögel und attackieren sie. Oft nehmen sie mehrere Samen in den Schnabel und verstecken sie auf Vorrat in Rindenritzen und in Spalten.

BEOBACHTUNGSZEIT/BRUTZEIT

J	F	M	A	M	J	J	A	S	O	N	D

Bei der Nahrungssuche klettert der Kleiber unermüdlich an Stämmen und Ästen. Er ist bei uns der einzige Vogel, der den Stamm auch kopfüber hinablaufen kann.

VERBREITUNG

Kohlmeise

(Parus major)

Ihre kohlschwarze Kopfzeichnung hat der Kohlmeise ihren Namen eingetragen. Der anpassungsfähige Vogel siedelt gern in der Nähe des Menschen. Den meisten Vogelfreunden ist die Kohlmeise bekannt, weil sie regelmäßig Fütterungen besucht, dort sehr zutraulich wird und auch auf die Hand kommt.

VORKOMMEN lichte Wälder, Parks und Gärten, Friedhöfe, auch mitten in Großstädten, wenn Nistmöglichkeiten vorhanden sind; häufig

GRÖSSE Länge 13–14,5 cm, FSW 22–26 cm

MERKMALE unverkennbar durch die Kombination aus gelber Unterseite mit schwarzem Längsstreifen, olivfarbenem Rücken und schwarzweißem Kopf; Weibchen sind etwas matter als Männchen, der Bauchstrich ist schmaler. Sehr variable Stimme, u. a. zeternde Rufe wie »dsche dsche dsche«, auch gedämpft »dä dä dä« oder »tink-tink«; Gesang, das sog. Läuten, klingt wie »zizidä« oder »zizipe«, ist, wenn die Sonne scheint, oft schon ab Januar zu hören

Typisch

Kohlmeisen suchen ihre Nahrung öfter am Boden als andere Meisen. Dabei wühlen sie im Falllaub und schleudern nach Amsel-Manier mit dem Schnabel Blätter zur Seite. An Fütterungen verhalten sie sich zänkisch und vertreiben kleinere Vogelarten.

BRUT Nest in alten Spechthöhlen sowie anderen Baumhöhlungen oder Mauerritzen; beziehen auch Nistkästen, sogar solche, die auf kleinen Balkonen hängen, oder nutzen ungewöhnlichere Nistmöglichkeiten wie Briefkästen, Töpfe, Eimer oder Rohre

NAHRUNG zur Brutzeit Insekten und deren Larven, Spinnen und andere Wirbellose, ab Spätsommer auch Samen, Beeren und Früchte; bedienen sich bei Fütterungen an Fettfutter wie Meisenknödeln oder Fettfutterglocken, an den verschiedensten Nüssen, Sonnenblumenkernen oder Hanfsamen; größere Samen öffnen sie wie Blaumeisen (siehe Seite 78–79)

VERBREITUNG

BEOBACHTUNGSZEIT/BRUTZEIT

J	F	M	A	M	J	J	A	S	O	N	D

Heckenbraunelle
(Prunella modularis)

Die Heckenbraunelle hält sich vorzugsweise in Wäldern oder Parks mit viel Unterwuchs oder dichtem Gebüsch auf. Ein Teil der Population zieht im Winter in Richtung Süden, viele Heckenbraunellen bleiben aber auch in der kalten Jahreszeit in ihrem Brutgebiet. Dann kann man sie an Fütterungen antreffen, wo sie auf den Boden heruntergefallene Sämereien aufpicken.

VORKOMMEN Randbereiche unterwuchsreicher Misch- und Nadelwälder, Feldgehölze und Heckenlandschaften, Friedhöfe, buschreiche Parks und Gärten; meist häufig

GRÖSSE Länge 13,5–14,5 cm, FSW 19–21 cm

Typisch

Heckenbraunellen halten sich bevorzugt am Boden auf und huschen dort geduckt wie eine Maus umher. Da die Vögel ihre Nahrung v. a. auf dem Boden suchen, sollten Sie Sämereien auf schneefreie Stellen streuen.

BEOBACHTUNGSZEIT/BRUTZEIT

J	F	M	A	M	J	J	A	S	O	N	D

MERKMALE unscheinbar bleigrau und braun gefärbt mit kräftiger dunkler Längsstrichelung; Geschlechter gleich. Warnruf laut pfeifend »dsiieht«; Gesang laut zwitschernd und quietschend, leicht auf- und absteigend

BRUT tiefes Napfnest, in dichten Büschen oder Nadelbäumen bodennah versteckt; nehmen Nisthilfen in Form von Nisttaschen an

NAHRUNG Insekten und deren Larven, Wirbellose wie kleine Schnecken, im Winter auch Samen; nehmen an Bodenfütterungen kleinere Sämereien auf wie Hirse, Nigersaat oder Mohn, auch Fettfutter und Weichfresserfutter

VERBREITUNG

Schwanzmeise

(Aegithalos caudatus)

Die Schwanzmeise nutzt ihren langen Schwanz wie eine Balancierstange, wenn sie ihre Nahrung an den äußersten Zweigspitzen sucht. Ihm verdankt sie auch ihren Namen. Die mitteleuropäischen Vögel bleiben ganzjährig in ihrem Brutgebiet. Man erkennt sie am breiten dunklen Überaugenstreif. Im Winter bekommen sie Besuch von ihren nördlichen Verwandten, den weißköpfigen Schwanzmeisen. Wenn es sehr kalt wird, schlafen sie zu mehreren dicht gedrängt auf einem Ast.

VORKOMMEN unterwuchsreiche Laub- und Mischwälder, Feldgehölze, Streuobstflächen, oft auch in der Nähe von Gewässern, Parks und Gärten mit hohen Bäumen; weit verbreitet, aber nicht häufig

GRÖSSE Länge 13–15 cm, FSW 16–19 cm

MERKMALE schwarz-weiß mit rosa Tönung, 9–10 cm langer, gestufter Schwanz; Geschlechter gleich. Kontaktrufe innerhalb der Trupps hoch dreisilbig »tsi-si-si« oder »tschrr«; Gesang fein trillernd und zirpend

BRUT kunstvoll gefügtes Beutelnest mit seitlichem Eingang, häufig in Dornbüschen oder Astgabeln

NAHRUNG kleine Insekten und deren Larven, Spinnen, im Winter auch kleine Sämereien; nehmen an Fütterungen Fettfuttermischungen aus Fett und Kleie, z. B. in Rindenritzen geschmiert, auch Weichfresserfutter, hangeln geschickt an Meisenknödeln und anderen Fettfutterquellen

BEOBACHTUNGSZEIT/BRUTZEIT

J	F	M	A	M	J	J	A	S	O	N	D

Typisch

Bei der Nahrungssuche turnen Schwanzmeisen rastlos bis zu den äußersten Zweigspitzen. Im Winter schließen sie sich zu größeren Schwärmen zusammen und durchstreifen gemeinsam die Umgebung.

VERBREITUNG

Grünfink

(Carduelis chloris)

Die meisten Grünfinken oder Grünlinge, wie die Art auch heißt, bleiben im Winter hier, nur wenige ziehen nach Süden. In der kalten Jahreszeit streifen sie in gemischten Finken-Ammern-Trupps umher. Gefundenes Futter wird mit drohend geöffnetem Schnabel, seitlich abgestellten Flügeln und gespreiztem Schwanz verteidigt.

VORKOMMEN lichte Mischwälder, Waldränder, Alleen, Hecken und Feldgehölze, kleinräumige Kulturlandschaft, Obstgärten, regelmäßig Parks, Friedhöfe und Gärten, auch innerhalb von Großstädten; häufig

GRÖSSE Länge 14–15 cm, FSW 25–27 cm

MERKMALE dicker Kegelschnabel; Männchen überwiegend graugrün, länglicher gelber Flügelfleck, gelbe Schwanzkanten; Weibchen insgesamt matter. Warnruf gedehnt »dschuie«, bei Streitigkeiten schnarrend »tsrrr«; Gesang kanarienvogelartig trillernd mit Imitationen, wird von einer Warte aus oder im Singflug vorgetragen

BRUT Napfnest meist nicht sehr hoch in Büschen oder jungen Bäumen, gern in Nadelbäumen; auch in dichter Wandbegrünung oder zwischen den Pflanzen in Balkonkästen oder Hängeampeln

NAHRUNG Samen, Beeren und Blüten, zeitweise auch Knospen, zur Brutzeit auch Insekten, deren Larven und Spinnen; nehmen an Fütterungen ölhaltige Samen wie Sonnenblumenkerne, Hanfsamen oder Nüsse, auch getrocknete Beeren und Früchte, hangeln gelegentlich auch an Meisenknödeln oder Fettfutterglocken; schälen geschickt mit dem klobigen Schnabel Sonnenblumenkerne

BEOBACHTUNGSZEIT/BRUTZEIT

VERBREITUNG

Der Grünfink ist wenig scheu. Nach einer Störung kommt er schnell wieder an den Futterplatz zurück.

Typisch

Der Grünfink verhält sich in Futterhäuschen recht aggressiv. Hat er sich dort einmal niedergelassen, vertreibt er alle anderen Vögel. Es ist deshalb empfehlenswert, mehrere Futterstellen einzurichten.

Bergfink

(Fringilla montifringilla)

Bergfinken brüten in Nord- und Nordosteuropa. Ist der Winter in ihren Brutgebieten kalt und nahrungsarm, erscheinen sie mitunter in großen Schwärmen in Mitteleuropa. Dort suchen sie in Wäldern und Feldern, in Parks und Gärten nach Futter. An Fütterungen erscheinen Bergfinken meist erst im Frühjahr, oft zusammen mit Buchfinken, wenn sie wieder auf dem Rückweg in ihre Brutgebiete sind.

VORKOMMEN brütet in Nordeuropa in lichten Nadel-, Misch- und Laubwäldern der Taiga, gern in Birkenwäldern in den Bergregionen; bei uns nur Durchzugs- und Wintergast, dann bevorzugt in Buchenwäldern, kommt auch in Parks und Gärten

GRÖSSE Länge 14–16 cm, FSW 25–27 cm

MERKMALE in allen Kleidern leuchtend weißer Bürzel, v. a. beim Auffliegen sichtbar; in Mitteleuropa sind nur Vögel im Schlichtkleid zu sehen: Männchen an Kopf und Rücken dunkelgrau bis -braun geschuppt, Brust und Schultern orangefarben, Schnabel hell hornfarben; Weibchen matter als Männchen. Quäkende, nasale Rufe wie »dschäi«, Flugruf »jäk« oder »jiek«, kürzer und härter als Buchfink; Gesang monoton kreischend mit gequetschten Elementen

Typisch

Bergfinken suchen meist im Trupp mit anderen Finken, Sperlingen oder Ammern am Boden nach Nahrung. Unter Schnee versteckte Samen legen sie frei, indem sie den Schnee mit den Flügeln »wegflattern«.

BRUT Napfnest meist bis 8 m hoch in einer Birke oder einem Nadelbaum

NAHRUNG zur Brutzeit Insekten, deren Larven und Spinnen; im Winter Baumsamen wie Bucheckern, Eicheln oder Nadelbaumsamen, auch Getreidekörner oder Mais; an Fütterungen nehmen sie grobe Sämereien wie Sonnenblumenkerne, geschrotetes Getreide, zerkleinerte Nüsse, in Fett getauchte Haferflocken oder getrocknete Beeren

BEOBACHTUNGSZEIT/BRUTZEIT

J	F	M	A	M	J	J	A	S	O	N	D

VERBREITUNG

Wenn es in Mitteleuropa viele Bucheckern gibt, können Bergfinken zu Millionen bei uns erscheinen.

Buchfink

(Fringilla coelebs)

Der Buchfink gehört in Bezug auf Aussehen und Gesang zu den bekanntesten Vögeln in Mitteleuropa. Als Kulturfolger hält er sich gern in der Nähe von menschlichen Siedlungen auf. Die meisten Weibchen der mitteleuropäischen Populationen verließen bis vor einigen Jahren im Winter das Brutgebiet, nur die Männchen blieben hier und suchten regelmäßig Fütterungen auf. Seit einiger Zeit kann man allerdings vermehrt auch die Weibchen hier beobachten.

VORKOMMEN alle Arten von Wäldern, Kulturlandschaft mit Feldgehölzen und Hecken, Obst- und Weingärten, Parks und Gärten mit hohen Bäumen auch mitten in großen Städten; häufig

GRÖSSE Länge 14–16 cm, FSW 25–28 cm

MERKMALE Männchen (Foto) mit blaugrauem Scheitel und Nacken, braunrosa an Wangen, Brust und Bauch, braunrotem Rücken, grünlich grauem Bürzel, im Schlichtkleid insgesamt blasser; bei Weibchen ist das Braunrot des Männchens ersetzt durch Graubraun; Buchfinken sind zu allen Jahreszeiten an den zwei weißen Flügelbinden und den weißen Schwanzkanten gut zu erkennen. Häufigster Ruf – der sogenannte Regenruf – »wrüp« oder »wrüip«, außerdem bei Gefahr scharf »pink«; Gesang eine schmetternde Strophe, in der Tonhöhe ansteigend, am Ende abfallend, Schlussteil betont

BRUT kunstvolles, dickwandiges Napfnest, durch Rindenstücke, Flechten und Moose gut getarnt in einer Astgabel oder am Stamm in Büschen, Sträuchern oder Bäumen, auch in dichter Wandbegrünung

Typisch

Buchfinken trippeln häufig mit ruckartigen Kopfbewegungen umher – im Gegensatz zu anderen Finken, die stets hüpfen. An Fütterungen verhalten sie sich eher schüchtern und lassen sich leicht von anderen Vögeln vertreiben.

NAHRUNG Samen von Kräutern und Stauden, Beeren, zur Brutzeit Insekten, deren Larven sowie Spinnen; nehmen an Fütterungen – meist am Boden unter Futterhäuschen – Samen wie Sonnenblumenkerne, Hanf oder Sesam, Erdnussbruch, Haferflocken, Fettfutter

VERBREITUNG

BEOBACHTUNGSZEIT/BRUTZEIT

J	F	M	A	M	J	J	A	S	O	N	D

Haussperling
(Passer domesticus)

Die geselligen Haussperlinge oder Hausspatzen gehören zu den bekanntesten Vögeln überhaupt, meist leben sie in Kolonien. Sie haben sich dem Menschen eng angeschlossen und besiedeln heute dank ihrer Anpassungsfähigkeit selbst die Zentren großer Städte. Sie können recht zahm werden und ergattern in Cafés, Biergärten oder Parkanlagen auf und unter den Tischen die letzten Krümel vom Kuchen oder von der Brotzeit. Bei der geringsten Störung ist die Schar verschwunden – um gleich darauf wieder aufzutauchen.

VORKOMMEN Städte und Dörfer, auch Einzelgehöfte, zur Nahrungssuche auch in der offenen Kulturlandschaft; häufig, aber Bestände nehmen ab

VERBREITUNG

Spatzen-Männchen erkennt man am schwarzen Latz.

GRÖSSE Länge 14–16 cm, FSW 20–22 cm

MERKMALE Männchen mit kontrastreicher grau-schwarz-kastanienbrauner Kopfzeichnung, rotbraunem, dunkel gestricheltem Rücken, weißer Flügelbinde; Weibchen schlicht graubraun, ohne die auffällige Kopfmusterung. Rufen bei Gefahr laut zeternd »tetetet«; der Gesang ist das bekannte Tschilpen

BRUT überdachtes Nest in Mauerlöchern oder anderen Höhlungen an Gebäuden, etwa unter Dachziegeln, auch als Untermieter in großen Horsten z. B. des Weißstorchs; beziehen auch Baumhöhlen und Nistkästen oder ungewöhnlichere Unterkünfte wie Briefkästen oder leere Schwalbennester, bauen auch frei stehende Nester in Wandbegrünung; oft brüten mehrere Paare nebeneinander

NAHRUNG zur Brutzeit Insekten und deren Larven, Samen von Kräutern, Getreide, Knospen, Beeren und Früchte, auch Abfälle; nehmen an Fütterungen v. a. Getreide und andere Körner, auch Haferflocken und zerkleinerte Nüsse

Typisch

Im Winter sind Spatzen oft mit Finken und Ammern unterwegs. Ihre Nahrung suchen sie am Boden hüpfend. Auch bei Fütterungen halten sie sich meist unterhalb der Häuschen auf.

BEOBACHTUNGSZEIT/BRUTZEIT

J	F	M	A	M	J	J	A	S	O	N	D

Gimpel

(Pyrrhula pyrrhula)

Der mitteleuropäische Gimpel, auch bekannt unter dem Namen Dompfaff, bleibt im Winter im Brutgebiet. Die etwas größeren Vögel nördlicher Populationen gesellen sich bei starker Kälte dazu. Sie besuchen dann Fütterungen, obwohl sie die aufgrund ihrer Knospennahrung eigentlich nicht bräuchten.

VORKOMMEN unterwuchsreiche Nadel- und Mischwälder, Waldränder, Feldgehölze, Hecken und Gebüsche, immer häufiger auch Parks, Friedhöfe und Obstgärten, Gärten mit Bäumen und dichten Sträuchern; häufig

GRÖSSE Länge 15–16,5 cm, FSW 22–26 cm

MERKMALE weißer Bürzel, v. a. beim Auffliegen sichtbar; Männchen (Foto) rosenrot, schwarz und grau gefärbt; Weibchen ähnlich Männchen, dessen rosenrote Bereiche sind gräulich braun. Rufen weich und melancholisch »djü« oder »jüp«; Gesang ein bauchrednerartiges, zwitscherndes Geplauder mit gequetschten und flötenden Tönen; manchmal singen auch die Weibchen, lernen, menschliche Lieder nachzupfeifen

BRUT lockeres Napfnest in dichten Büschen und Nadelbäumen

NAHRUNG Körner, Samen verschiedener Bäume und Kräuter sowie Beeren, auch Blatt- und Blütenknospen, zur Jungenaufzucht auch Insekten; nehmen an Fütterungen (sowohl Häuschen als auch Bodenfutterstellen) Sonnenblumenkerne, Hanfsamen, getrocknete Beeren, gehackte Nüsse, Waldvogelfutter, auch Fettfutter mit Beeren und Nüssen

VERBREITUNG

BEOBACHTUNGSZEIT/BRUTZEIT

J	F	M	A	M	J	J	A	S	O	N	D

Typisch

Gimpel sind zeitlebens mit demselben Partner verpaart. Im Winter streifen sie zu mehreren Paaren oder in Familientrupps umher und suchen häufig Fütterungen auf, die nicht zu frei stehen. Im Futterhäuschen verhalten sie sich sehr friedfertig und fressen oft zu mehreren.

Singdrossel

(Turdus philomelos)

Singdrosseln verbringen den Winter in Südwesteuropa oder im Mittelmeerraum. Bereits Ende Februar kommen sie wieder zurück und erscheinen dann bei späten Wintereinbrüchen auch an Fütterungen. In den Garten können Sie die exzellenten Sänger locken, indem Sie beerentragende Sträucher pflanzen, von denen sie sich ab dem Spätsommer ernähren.

VORKOMMEN unterholzreiche Laub-, Misch- und Nadelwälder, Hecken, Feldgehölze, Parks und eingewachsene Gärten mit älteren Bäumen; häufig

GRÖSSE Länge 21–23 cm, FSW 33–36 cm

MERKMALE oberseits braun, unterseits weißlich, dicht mit dunklen, dreieckigen Flecken übersät, große, dunkle Augen; Geschlechter gleich. Häufiger Flugruf kurz, scharf »zipp«, zetern bei Gefahr ähnlich Amseln; lauter, abwechslungsreicher, melodischer Gesang aus kurzen flötenden, zwitschernden, zwei- bis viermal wiederholten Motiven, baut Imitationen anderer Vogelarten ein, Gesangsvortrag in der Morgen- und Abenddämmerung von einer hohen Warte aus

BRUT stabiles, napfförmiges Nest auf halber Höhe in Bäumen, auch in Jungfichten dicht am Stamm, in Sträuchern oder Büschen; in dichter Wandbegrünung, Mauerlöchern

NAHRUNG meist Regenwürmer und andere bodenlebende Kleintiere, gern Gehäuseschnecken, ab Spätsommer Beeren, Samen von Kräutern und Obst; an Fütterungen Haferflocken, getrocknete Beeren und Früchte, gehackte Nüsse, Weichfresserfutter; Futter am besten auf einem Futterbrett anbieten, da Singdrosseln ihre Nahrung bevorzugt auf dem Boden suchen

VERBREITUNG

BEOBACHTUNGSZEIT/BRUTZEIT

J	F	M	A	M	J	J	A	S	O	N	D

Typisch

Singdrosseln sind etwas scheuer als Amseln. Charakteristisch ist ihr Verhalten bei der Nahrungssuche: Sie rennen ruckartig, bleiben abrupt stehen und stochern nach einem Beutetier. Oft zerschlagen sie die Häuser von Gehäuseschnecken auf hartem Untergrund.

Buntspecht

(Dendrocopos major)

VERBREITUNG

Der Buntspecht ist in Europa der häufigste Specht. Durch seine kontrastreichen Gefiederfarben sticht er einem sofort ins Auge. Wer den Vogel gern in seinem Garten beobachten möchte, sollte dort einige abgestorbene Äste belassen, denn der Buntspecht hackt mit Vorliebe an morschem Holz herum. Zum Leidwesen vieler Hausbesitzer haben die Spechte inzwischen auch wärmegedämmte Fassaden zum Hämmern entdeckt – der hohle Klang scheint sie an Totholz zu erinnern.

VORKOMMEN alle Arten von Wäldern, Feldgehölze, Alleen, Friedhöfe, Parks und Gärten mit alten, hohen Bäumen, auch mitten in Großstädten; häufig

GRÖSSE Länge 23–25 cm, FSW 34–39 cm

MERKMALE schwarz-weiß-rot gefärbt, weiße Schulterflecken; Männchen mit rotem Nackenfleck, Weibchen ohne Rot am Kopf. Ganzjährig metallisch klingende »kick«-Rufe, auch gereiht; kurze Trommelwirbel zur Reviermarkierung von Männchen und Weibchen

BRUT Nest in einer Baumhöhle, bevorzugt im Stamm eines morschen Laubbaums, wird jedes Jahr neu gezimmert

NAHRUNG im Sommer Insekten und deren Larven, v. a. im Holz lebende Arten, gelegentlich auch Eier und Jungvögel anderer Vogelarten, ab Spätsommer auch Beeren, Früchte und Nüsse, im Winter v. a. Nadelbaumsamen und Nüsse; nehmen an Fütterungen Nüsse und Sonnenblumenkerne, Erdnüsse, hangeln auch an Fettfutterglocken und Meisenknödeln

BEOBACHTUNGSZEIT/BRUTZEIT

J	F	M	A	M	J	J	A	S	O	N	D

Typisch

Buntspechte besuchen regelmäßig Fütterungen. Bevorzugt wählen sie dort Nüsse und größere Samen aus, die sie einzeln wegtragen. Da Buntspechte ihre Nahrung gern an Baumstämmen suchen, können Sie Fettfutter in Rindenritzen streichen.

Wacholderdrossel

(Turdus pilaris)

Wacholderdrosseln lieben nicht nur – der Name deutet es bereits an – Wacholderbeeren, sondern fressen im Herbst auch gern die Früchte von Weißdorn, Vogelbeere, Sanddorn und Apfelbäumen. Energisch verteidigen sie ihre Brut gegen Eindringlinge: Nesträuber werden gezielt mit Kot bespritzt. Wer Wacholderdrosseln in den Garten locken will, sollte Laubhaufen liegen lassen, dort suchen sie nach Kleintieren.

VORKOMMEN lichte Laub- und Mischwälder, Waldränder, Alleen, Feldgehölze und Hecken, Parks und baumbestandene Gärten; häufig

GRÖSSE Länge 24–26 cm, FSW 39–42 cm

MERKMALE Kopf grau, ockerfarbene Brust kräftig schwarz gefleckt, heller Bauch, Rücken dunkelrotbraun, Bürzel grau; Geschlechter gleich. Flugruf häufig laut schackernd, bei Störungen am Nest kratzend »trrtrrtrr«; Gesang aus gepresst schwätzenden Tönen

BRUT umfangreiches Nest nahe am Stamm oder in Astgabeln hoch in Bäumen; brüten in lockeren Kolonien, vertreiben potenzielle Nesträuber gemeinsam

NAHRUNG Würmer, Schnecken und Insekten; ab Spätsommer bis zum Winter auch Beeren und Obst, gern Fallobst; picken an am Boden liegenden Äpfeln oder Birnen, nehmen an Bodenfutterstellen getrocknete Früchte und Beeren, Nüsse, Sonnenblumenkerne oder in Fett getauchte Haferflocken, Weichfresserfutter

BEOBACHTUNGSZEIT/BRUTZEIT

J	F	M	A	M	J	J	A	S	O	N	D

Typisch

Die geselligen Wacholderdrosseln treten auch im Winter in größeren Trupps auf. Da sie ihre Nahrung am Boden auf offenen Flächen suchen, gehen sie nicht in Futterhäuschen. Deshalb sollten Sie das Futter auf einem Brett am Boden anbieten.

VERBREITUNG

Amsel

(Turdus merula)

Wegen ihres markanten Aussehens gehört die Amsel zu den bekanntesten Vögeln. In Deutschland ist die Amsel nach dem Buchfink die zweithäufigste Vogelart, obwohl ihre Bestände in Südwestdeutschland durch das Usutu-Virus (siehe Seite 41) etwas gelitten haben. Die meisten Amseln bleiben im Winter bei uns und finden sich dann oft an Fütterungen ein. Sie können ihnen helfen, wenn Sie Laub unter Büschen und Sträuchern liegen lassen. Dort stöbern die Vögel Insekten und andere Kleintiere auf.

VORKOMMEN Wälder aller Art, jedoch nicht in dichten Nadelwäldern, Feldgehölze, Heckenlandschaften, Friedhöfe, Parks und Gärten mit Büschen; häufig

GRÖSSE Länge 25–29 cm, FSW 35–38 cm

MERKMALE Männchen schwarz mit gelbem Schnabel und gelbem Augenring; Weibchen dunkel- bis schwärzlich braun, an der Brust dunkel gefleckt, Schnabel bräunlich. Rufen bei Gefahr laut zeternd und metallisch; abwechslungsreicher Gesang melodiös flötend, meist von hoher Warte aus (Baumspitze, Dach, Antenne) vorgetragen, singen bereits früh am Morgen und ab Februar

BRUT Napfnest in Bäumen, Büschen, auch in dichter Wandbegrünung, in Gartenhäuschen, auf Dachbalken und Fensterbrettern, in Blumenkästen auf Balkonen oder Terrassen

NAHRUNG Würmer, Insekten, Schnecken, Samen, ab Spätsommer Früchte und Beeren; nehmen an Fütterungen in Fett getauchte Haferflocken, getrocknete Beeren, gehackte Nüsse, Erdnussbruch, Weichfresserfutter, auch Fettfutter, mögen besonders gern Fallobst; Futter am besten auf einem Futterbrett anbieten, da Amseln wie alle Drosseln ihre Nahrung vor allem auf dem Boden im kurzen Gras oder unter Falllaub suchen

VERBREITUNG

BEOBACHTUNGSZEIT/BRUTZEIT

J F M A M J J A S O N D

Typisch

Futter für die Vögel sollten Sie breitwürfig auf den Boden streuen, damit auch Jungvögel oder Weibchen etwas ergattern können, denn am Futterhäuschen verhalten sich Amseln ausgesprochen streitsüchtig und jagen unterlegene Artgenossen weg.

Türkentaube

(Streptopelia decaocto)

VERBREITUNG

Innerhalb von etwa 100 Jahren hat die Türkentaube, ausgehend von der Türkei, fast ganz Europa besiedelt. Heute ist sie in unseren Städten und Dörfern ein vertrauter Anblick. Selbst mitten in Großstädten ist sie heimisch geworden, denn als ausgesprochener Kulturfolger sucht sie die Nähe des Menschen. Türkentauben besuchen regelmäßig Kleinvogelfütterungen, auch auf Balkonen und Terrassen.

VORKOMMEN ursprünglich Steppen Südasiens, bei uns fast nur in Dörfern und Städten, wenn es Parks, Friedhöfe, Tierparks und Gärten mit hohen Nadelbäumen gibt, auch bei Getreidedepots, Lagerplätzen und Bauernhöfen; häufig

GRÖSSE Länge 31–33 cm, FSW 47–55 cm

MERKMALE schlank, langschwänzig; überwiegend beigebraun, schwarzer Nackenring; Geschlechter gleich. Rufen im Flug häufig nasal »chwää chwää«; Reviergesang monoton »gu-guh-gu gu-guh-gu« mit Betonung auf der mittleren Silbe; das Männchen steigt von erhöhter Warte zu seinem Balzflug mit klatschenden Flügelgeräuschen steil auf und segelt dann mit ausgebreiteten Flügeln abwärts

BRUT dürftiges, flaches Nest, meist auf Bäumen oder Sträuchern in einer Astgabel, in Siedlungen gelegentlich auch an Gebäuden, etwa auf Fensterbrettern, in Dachrinnen oder auf anderen Vorsprüngen

NAHRUNG Getreide und andere Samen, grüne Pflanzenteile und Knospen, auch Beeren, Früchte und Brot, in Städten oft Abfälle; nehmen an Kleinvogelfütterungen Haferflocken, geschrotetes Getreide, Erdnussbruch, Sonnenblumenkerne, Hanf und andere Sämereien

BEOBACHTUNGSZEIT/BRUTZEIT

J	F	M	A	M	J	J	A	S	O	N	D

Typisch

Türkentauben sind wenig scheu, aber stets wachsam und fluchtbereit. Sie lassen sich gut beobachten, weil sie oft über längere Zeit an der Futterstelle verweilen, um Körner aufzupicken. Bevorzugt nehmen sie diese am Boden auf, Futterhäuser besuchen sie nur, wenn das Dach nicht zu niedrig ist.

Eichelhäher

(Garrulus glandarius)

Der Eichelhäher ist der bunteste Rabenvogel in Europa. Wird die Nahrung in den nördlichen und nordöstlichen Brutgebieten knapp, wandern die Eichelhäher von dort Richtung Süden und gesellen sich zu unseren Populationen. Ab Herbst schließen sie sich zu Trupps zusammen. Im Winter besuchen sie Fütterungen, die in Waldnähe liegen, und zwar sowohl Häuschen als auch Bodenfütterungen.

VORKOMMEN Laub- und Mischwälder, gern mit Eichen, Feldgehölze, Friedhöfe, Parks und Gärten mit Baumbestand, auch innerhalb von Städten; häufig

GRÖSSE Länge 33–35 cm, FSW 52–58 cm

MERKMALE überwiegend rosabraun gefärbt, Scheitel hell mit dunklen Stricheln, schwarzer Bartstreif, Flügel dunkel mit weißem und blau-schwarzem Feld; Geschlechter gleich. Rufen bei Gefahr oder Erregung kurz, kräftig, durchdringend rätschend, es gibt auch ein »hijä«, das dem Mäusebussard-Ruf ähnlich ist; Gesang leise, bauchrednerartig mit schwätzenden, rätschenden, miauenden oder schnalzenden Elementen und Imitationen anderer Vogelarten

Typisch

Eichelhäher ernten ab Spätsommer Baumsamen und transportieren sie in ihrem Kehlsack in den Wald, um sie dort zu vergraben. Ihre Lieblingsnahrung sind Eicheln, bis zu 10 können sie gleichzeitig im Kehlsack tragen. Auf diese Weise legen sie Vorräte für nahrungsarme Zeiten im Winter an.

VERBREITUNG

Der Eichelhäher findet versteckte Eicheln selbst dann wieder, wenn sie von Schnee bedeckt sind.

BRUT flaches Nest, oft in einer Astgabel oder nahe am Stamm eines Baumes oder hohen Busches

NAHRUNG Baumfrüchte und Samen wie Eicheln, Bucheckern oder Haselnüsse, auch Knospen, Beeren und Früchte, zur Brutzeit zusätzlich größere Insekten, deren Larven, Würmer und Schnecken, kleine Wirbeltiere, auch Eier und Nestlinge anderer Vogelarten; nehmen an Fütterungen Fettfutter, ölreiche Samen wie Sonnenblumenkerne, Erdnüsse, Haselnüsse und andere Nüsse, Getreide, getrocknete Beeren

BEOBACHTUNGSZEIT/BRUTZEIT

J	F	M	A	M	J	J	A	S	O	N	D

Ringeltaube

(Columba palumbus)

Die Ringeltaube ist unsere größte Taube. Ursprünglich in Wäldern heimisch, lebt sie inzwischen auch in Siedlungen und sogar in Innenstädten, wo sie in Parks brütet. Wird es ihnen im Winter zu kalt, wandern Ringeltauben in den südwesteuropäischen Mittelmeerraum. Im Herbst ziehen auch größere Schwärme von nordöstlichen Populationen bei uns durch. In wintermilden Gegenden überwintern Ringeltauben in ihrem Brutgebiet. Dann suchen sie oft auf Feldern nach Nahrung, besuchen aber auch Bodenfutterstellen.

VORKOMMEN aufgelockerte Laub- und Mischwälder mit angrenzenden landwirtschaftlichen Flächen, Feldgehölze, auch Parks, Friedhöfe und größere Gärten innerhalb von Städten; in Norddeutschland häufig, in Süddeutschland zunehmend in urbanen Gebieten

GRÖSSE Länge 40–42 cm, FSW 75–80 cm

MERKMALE kurzbeinig, lang gestreckter Körper, blaugrau gefärbt, heller Halsfleck, weiße Flügelabzeichen, kleiner Kopf mit hellen Augen, langer Schwanz mit breiter schwarzer Endbinde; Geschlechter gleich. Reviergesang dumpf gurrend wie »ru-guu-gu gugu«

BRUT flaches, dürftiges Reisignest, meist hoch in Bäumen oder Hecken, in Städten auch auf Gebäudesimsen

NAHRUNG Samen von Gräsern und Kräutern, Beeren und Baumfrüchte wie Eicheln oder Bucheckern, auch Getreide, Mais und grüne Pflanzenteile, gelegentlich Insekten und Würmer; in den Städten auch trockenes Brot; nehmen an Bodenfütterungen gern geschrotetes Getreide, Mais, Hühnerfutter, getrocknete Beeren

Typisch

Während des Balzflugs und beim Abflug wird man auf die Männchen wegen ihres klatschenden Flügelgeräusches aufmerksam. Ihre Nahrung suchen Ringeltauben auf dem Boden.

VERBREITUNG
kleiner Kopf mit hellen Augen
weißer Halsfleck
BEOBACHTUNGSZEIT/BRUTZEIT
J F M A M J J A S O N D

Gelegentliche Gäste am Futterhaus

Wintergoldhähnchen

(Regulus regulus)

Das Wintergoldhähnchen ist der kleinste Vogel Europas – lediglich 4 bis 7 Gramm bringt es auf die Waage. Man kann den Winzling leicht mit dem Sommergoldhähnchen (Regulus ignicapillus) *verwechseln, dieses besitzt aber einen schwarzen Streifen, der sich längs über das Auge zieht. Und noch einen weiteren Unterschied gibt es: Das Wintergoldhähnchen verbleibt ganzjährig in seinem Brutgebiet und kommt hin und wieder auch an Fütterungen. Das Sommergoldhähnchen dagegen zieht im Herbst in den Süden.*

VORKOMMEN dichte, ältere Nadel- oder Mischwälder, Parks und Gärten mit älteren Nadelbäumen; häufig

GRÖSSE Länge 9 cm, FSW 13–15,5 cm

MERKMALE oberseits olivgrün, unterseits gräulich weiß, leuchtend gelber, schwarz eingefasster Scheitelstreif, beim Männchen mit orangefarbenen Federchen. Hohe, durchdringende »sisisi«-Rufe, wispernder, auf- und abschwingender Reviergesang mit Endtriller

Typisch

Goldhähnchen wirken bei der Nahrungssuche hoch in Nadelbäumen rastlos. Doch die Vögel werden manchmal recht vertraut und lassen sich dann bei der Nahrungssuche auch vom Menschen nicht stören.

BRUT dickwandiges, elastisches Nest, in die Astgabel eines Nadelbaums gehängt

VERBREITUNG

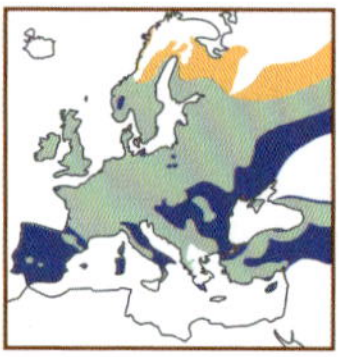

NAHRUNG winzige Insekten, deren Larven, Spinnen; Nahrungssuche zwischen Nadeln, in feinsten Ritzen; besuchen gelegentlich Fütterungen, nehmen dort Weichfresserfutter, Fettfutter, gern auch in Rindenspalten gestrichenes Fettfutter

BEOBACHTUNGSZEIT/BRUTZEIT

J	F	M	A	M	J	J	A	S	O	N	D

Zaunkönig

(Troglodytes troglodytes)

Der Zaunkönig ist wie die Goldhähnchen (siehe Seite 124–125) ein wahrer Zwerg unter den europäischen Vögeln. Er wiegt gerade mal 10 Gramm. In naturnahen Gärten bevorzugt er Bereiche mit dichtem Unterholz, Laub unter den Büschen oder mit aufgeschichtetem Schnittgut von Bäumen und Sträuchern. Mit Nistkästen lassen sich die Winzlinge gut in den Garten locken. In diesen Unterkünften verbringen oft mehrere Zaunkönige aneinandergeschmiegt kalte Nächte.

VORKOMMEN unterholzreiche Laub- und Mischwälder, kleinräumige Kulturlandschaft mit Hecken und Feldgehölzen, auch Friedhöfe, Parks und Gärten mit dichtem Gestrüpp; häufig

GRÖSSE Länge 9–10 cm, FSW 13–17 cm

MERKMALE überwiegend braunrot, heller Überaugenstreif, kurzer Schwanz, der oft gestelzt wird; Geschlechter gleich. Rufen häufig »zrrr«, warnen »tik«; Gesang laut schmetternd und trillernd

BRUT kugeliges Nest mit seitlichem Eingang bodennah im Gestrüpp, auch in Wandbegrünung, beziehen Halbhöhlen-Nistkästen oder Nisttaschen, die bis 1 m über dem Boden befestigt sind

NAHRUNG Insekten und deren Larven, Spinnen; nehmen an Fütterungen (Häuschen oder am Boden) v. a. Weichfresserfutter, Fettfutter (auch in Rindenritzen gestrichen), in Öl getauchte Haferflocken

BEOBACHTUNGSZEIT/BRUTZEIT

J	F	M	A	M	J	J	A	S	O	N	D

Typisch

Zaunkönige tragen ihr lautes Lied von einer erhöhten Warte aus vor. Da sie ihre Nahrung bodennah suchen, sollten Sie das Futter für die Zaunkönige am besten unter Büsche oder Sträucher streuen.

VERBREITUNG

VERBREITUNG

Haubenmeise

(Parus cristatus)

Haubenmeisen sieht man im Frühjahr und Sommer eher selten, denn in dieser Zeit halten sie sich bevorzugt in den Kronen von Nadelbäumen auf. Dort turnen sie geschickt mit dem Bauch nach oben an Zweigen und suchen nach Insekten. Ab Herbst schließen sich die Haubenmeisen-Paare anderen Meisenarten an und kommen dann auch an Fütterungen in Gärten und Parks.

VORKOMMEN mehr oder weniger an Nadelwald gebunden, auch in Mischwäldern, in Nadelwaldinseln von Parks, Friedhöfen und großen Gärten; weit verbreitet, aber nirgends häufig

GRÖSSE Länge 11–12 cm, FSW 17–20 cm

MERKMALE charakteristische schwarz-weiße Kopfzeichnung, schwarz-weiß melierte, spitze Haube, Oberseite gelblich braun, Unterseite gräulich weiß; Geschlechter gleich. Schnurrende Rufe wie »ürrrrr-r« oder »zi-zi-gürrrrr«; Gesang aus rollenden und spitzen Rufen

BRUT Nest in enger Naturhöhle in einem Baumstumpf oder Ähnlichem, auch in Baumhöhlen, die von den Meisen erweitert werden, relativ häufig in alten Spechthöhlen; beziehen auch Nistkästen

NAHRUNG vorwiegend Insekten, deren Larven, Spinnen und andere Kleintiere; im Winter auch Nadelbaumsamen und kleine Sämereien; nehmen an Fütterungen Fettfutter, etwa Meisenknödel, auch Sonnenblumenkerne, Hanfsamen oder Erdnussbruch

BEOBACHTUNGSZEIT/BRUTZEIT

J	F	M	A	M	J	J	A	S	O	N	D

Typisch

Haubenmeisen akzeptieren gern Fütterungen in der Nähe von Nadelgehölzen. Die dort aufgenommenen Körner horten sie hinter Baumrindenschuppen. Kälteperioden überstehen sie aufgeplustert in Sträuchern sitzend.

Gartenbaumläufer

(Certhia brachydactyla)

Wenn der Gartenbaumläufer an Baumstämmen sitzend oder an der Unterseite von Ästen hangelnd nach Insekten sucht, ist er durch sein rindenfarbenes Gefieder kaum zu erkennen. Nur durch seine lauten »tüt tüt tüt«-Rufe wird man auf ihn aufmerksam Anders als der Kleiber (siehe Seite 90–91) klettert er nie einen Baumstamm kopfüber hinab. Er sieht seiner Zwillingsart, dem Waldbaumläufer (Certhia familiaris)*, sehr ähnlich. Dieser lebt aber eher in Nadel- und Mischwäldern und kommt kaum zu Fütterungen.*

VORKOMMEN lichte Laub- und Mischwälder, Parks und Gärten mit altem Laubbaumbestand (Baumarten mit rissiger Rinde); häufig

GRÖSSE Länge 12–13 cm, FSW 18–21 cm

MERKMALE oberseits rindenfarben, unterseits weißlich, Bürzel kräftig rostbraun, langer Stützschwanz; Geschlechter gleich. Rufen durchdringend hoch und laut »srii«, bei Beunruhigung ebenso lautstark »tüt tüt tüt«; Gesang eine ansteigende Reihe hoher, dünner Pfeiftöne

Typisch

Da Gartenbaumläufer ihre Nahrung mit dem gebogenen Schnabel aus Ritzen an Stämmen und Ästen picken, können Sie mit Kleie vermischtes Fettfutter in Rindenritzen streichen.

BRUT Nest in Baum- und Mauerspalten, hinter abstehender Rinde; bezieht auch spezielle Nistkästen mit schlitzförmigem seitlichem Eingang oder Nisttaschen, baut Nest auch in Reisighaufen oder unter dem Dach einer Gartenlaube

NAHRUNG Insekten, deren Larven und Spinnen; im Winter auch winzige Samen; nehmen an Fütterungen gern Fettfutter wie Meisenknödel oder Fettfutterglocken, auch ölhaltige Saaten wie Raps, Leinsamen, Mohn, daneben zerkleinerte getrocknete Beeren, Weichfresserfutter

BEOBACHTUNGSZEIT/BRUTZEIT

J	F	M	A	M	J	J	A	S	O	N	D

VERBREITUNG

In kalten Winternächten bilden Gartenbaumläufer Schlafgemeinschaften in Baumhöhlen und Nistkästen mit bis zu zehn Vögeln.

Trauerschnäpper

(Ficedula hypoleuca)

Trauerschnäpper überwintern im tropischen Westafrika. Den weiten Weg über die Sahara überwinden sie in einem Nonstop-Flug. Im Vergleich zum verwandten Grauschnäpper (siehe Seite 144–145) sieht man den Trauerschnäpper nicht so häufig in unseren Gärten. Da er recht spät aus seinem Winterquartier zurückkommt und dann meist schon alle geeigneten Bruthöhlen besetzt sind, können Sie ihm bei der Wohnungssuche helfen, wenn Sie ab Ende April Nistkästen aufhängen.

VORKOMMEN Laub- und Mischwälder, Gärten und Parks mit alten Bäumen, auch Obstgärten mit Höhlenangebot; gebietsweise selten

Typisch

Trauerschnäpper suchen ihre Nahrung, indem sie fliegende Insekten von einer erhöhten Warte aus verfolgen. Gelegentlich hüpfen sie auch auf den Boden, um dort ein Insekt aufzunehmen.

GRÖSSE Länge 13–13,5 cm, FSW 21–24 cm

MERKMALE Männchen oberseits schwarz bis graubraun, unterseits weiß, weißer Stirnfleck, auffälliger weißer Flügelfleck; bei Weibchen sind die schwarzen Partien der Männchen stets graubraun. Rufen laut »witt« oder »wie-tick«; Gesang eine muntere, rhythmische Folge mit wechselnder Tonhöhe

BRUT lockeres Napfnest in Baumhöhlen; beziehen auch Nistkästen (sowohl Voll- als auch Halbhöhlen)

NAHRUNG Insekten und Spinnen, im Herbst auch Beeren; besuchen keine Fütterungen, profitieren aber vom reichen Insektenangebot in einem naturnahen Garten mit Wildstauden und Blumenwiese

BEOBACHTUNGSZEIT/BRUTZEIT

J	F	M	A	M	J	J	A	S	O	N	D

VERBREITUNG

VERBREITUNG

Birkenzeisig

(Carduelis flammea)

Anfang des letzten Jahrhunderts noch ausschließlich in Bergwäldern heimisch, sind Birkenzeisige heute in Süddeutschland auch in Parks und hohen Baumgruppen am Rand von Siedlungen verbreitet. Im Alpenvorland brüten sie sogar in städtischen Parks und Gärten. Die meisten mitteleuropäischen Birkenzeisige überwintern südlich der Alpen, im Winter kommen außerdem noch Zugvögel aus nördlichen Gebieten in unsere Regionen.

VORKOMMEN lockerer Nadelwald der Alpen und Mittelgebirge, Moore, Erlen- und Birkengehölze; auch Gärten und Parks

GRÖSSE Länge 12,5–14,5 cm, FSW 20–25 cm

MERKMALE oberseits graubräunlich, kräftig dunkel gestrichelt, unterseits weißlich; roter Stirnfleck, schwarzes Kinn, horngelber Schnabel; im Prachtkleid Männchen mit rötlicher Brust. Rufen im Flug »dschedschedsched«; schwirrender, pfeifender, rau zwitschernder Gesang

BRUT Napfnest in Bäumen, meist Nadelbäumen, oder Büschen

NAHRUNG überwiegend Samen von Bäumen, Stauden und Kräutern, zur Brutzeit auch Insekten, deren Larven und Spinnen; nehmen an Fütterungen Fettfutter wie Meisenknödel, feine Sämereien wie Hirse, Nigersaat oder Sesam, Sonnenblumenkerne oder zerkleinerte Nüsse, Waldvogelfutter

BEOBACHTUNGSZEIT/BRUTZEIT

J	F	M	A	M	J	J	A	S	O	N	D

Typisch

Im Winter suchen Birkenzeisige in kahlen Bäumen wie Erlen und Birken nach Nahrung. Dabei kommen sie gelegentlich auch an Fütterungen, wo sie sowohl auf dem Boden als auch in Häuschen fressen. Aufmerksam auf sie wird man meist durch ihre Rufe.

Feldsperling

(Passer montanus)

Wie sein Name vermuten lässt, kommt der Feldsperling eher im ländlichen Raum vor. Er ist weniger an Menschen gebunden als der Haussperling. Durch die Flurbereinigung und das damit verbundene Verschwinden von abwechslungsreicher Kulturlandschaft verlor der Feldsperling viele Nistmöglichkeiten und zahlreiche Nahrungsgrundlagen, weshalb seine Bestände teilweise stark zurückgegangen sind. Mit Nistkästen können Sie Feldsperlinge in den Garten locken. Hängen Sie am besten mehrere auf, denn sie brüten oft in Kolonien.

VORKOMMEN offene kleinräumige Kulturlandschaft mit Hecken, Gebüschen, Feldgehölzen, Obstgärten, Parks und Gärten an Dorf- und Stadträndern, in Mitteleuropa nicht in innerstädtischen Gebieten

GRÖSSE Länge 13–14 cm, FSW 19–21 cm

Typisch

Im Winter trifft man Feldsperlinge in Trupps mit Haussperlingen sowie mit Ammern und Finken an. In dieser Gesellschaft kommen sie auch an Fütterungen. Die Vögel sind wenig aggressiv und fressen einträchtig nebeneinander. Da sie ihre Nahrung auf dem Boden suchen, sollten Sie die Sämereien in einer Bodenfutterstelle anbieten.

MERKMALE rotbraune Kappe, weiße Kopfseiten mit schwarzem Wangenfleck, schwarzes Kinn; Geschlechter gleich. Rufen im Flug hart »tek-tek-tek«, auch nasal »tschick«; das rhythmische Tschilpen, der Gesang, ähnelt dem des Haussperlings, ist aber höher

VERBREITUNG

BRUT Nest in einer Höhle, gern Baumhöhle, in Felsspalten, Mauerlöchern oder anderen Höhlungen; beziehen auch Nistkästen

NAHRUNG Samen von Gräsern, Stauden und Kräutern, zur Brutzeit Insekten, deren Larven und andere kleine Wirbellose; nehmen an Fütterungen kleinere Sämereien wie Hirse, Sesam, Nigersaat, Rübsen, auch geschrotetes Getreide, Haferflocken, hangeln auch geschickt an Meisenknödeln oder Fettfutterglocken

BEOBACHTUNGSZEIT/BRUTZEIT

J	F	M	A	M	J	J	A	S	O	N	D

Bluthänfling

(Carduelis cannabina)

Nach der Brutzeit schließen sich die geselligen Bluthänflinge zu Familientrupps mit bis zu sechs Individuen zusammen. Im Winter können sie größere Schwärme von bis zu 100 Tieren bilden. In der kalten Jahreszeit finden sich zusätzlich Artgenossen aus nordischen und nordöstlichen Regionen ein. Ihr Garten wird für Bluthänflinge attraktiv, wenn Sie Stauden und Wildkräuter Fruchtstände ausbilden lassen. Die Vögel bedienen sich dann gern an den Samen.

VORKOMMEN Heidelandschaften, Trockenhänge mit Wacholder, offene trockene Kulturlandschaft mit Hecken, Feldgehölzen und dichtem Gebüsch sowie Hochstaudenfluren, auch Weinberge, Parks, Friedhöfe und naturnahe Gärten am Rand von Siedlungen

GRÖSSE Länge 13–14 cm, FSW 21–25 cm

MERKMALE Kopf gräulich, Mantel rostfarben, dunkle Flügel; Männchen im Prachtkleid mit roter Stirn und Brust, Weibchen matter, immer ohne Rot. Nasal geckernde Rufe, Gesang wohltönend

BRUT kunstvolles Napfnest, niedrig in dichtem Gebüsch oder einem Nadelbaum, brüten häufig in lockeren kleinen Kolonien

NAHRUNG Samen von Kräutern, Stauden und Bäumen, während der Brutzeit anfangs auch Insekten, Larven und Spinnen; an Fütterungen Sämereien wie Rübsen, Nigersaat, Sesam oder Hirse, auch Erdnussbruch, Waldvogelfutter

BEOBACHTUNGSZEIT/BRUTZEIT

J	F	M	A	M	J	J	A	S	O	N	D

VERBREITUNG

Typisch

Der Bluthänfling sucht seine Nahrung v. a. auf dem Boden. Bieten Sie den Vögeln die Sämereien daher an Bodenfutterstellen an. Bluthänflinge sind im Winter recht verträglich untereinander und gegenüber anderen Arten.

Hausrotschwanz

(Phoenicurus ochruros)

Ursprünglich in den Felswänden der Alpen heimisch, hat der Hausrotschwanz seit ca. 200 Jahren sein Verbreitungsgebiet erweitert und ist bis in die Städte vorgedrungen. Dort brütet er relativ häufig an Hauswänden und anderen vertikalen Strukturen, die Ähnlichkeit mit Felswänden haben. Die kalte Jahreszeit verbringen Hausrotschwänze meist im Mittelmeergebiet und in Westeuropa. Immer mehr Individuen bleiben inzwischen im Winter hier oder kehren bereits Ende Februar in ihre Brutgebiete zurück.

VORKOMMEN ursprünglich Gebirge und Felsregionen, heute auch Steinbrüche, Häuser und andere Bauwerke in Siedlungen – auch mitten in Großstädten –, Bahnhöfe, Industrieanlagen; häufig

GRÖSSE Länge 13,5–14,5 cm, FSW 23–26 cm

MERKMALE Männchen überwiegend rußgrau mit hellem Flügelfeld und rostrotem Schwanz; Weibchen unscheinbar dunkel graubraun, ebenfalls rostroter Schwanz. Rufen hart »huid-teck-teck« oder scharf »fst«, oft gereiht; kurzer dreiteiliger Gesang, eingeleitet von kurzen Pfeiftönen, dann gepresst klingende, kratzende Laute, zum Schluss wieder hohe Pfeiftöne; Gesang ist auch außerhalb der Brutzeit zu hören

Typisch

An Fütterungen kann man Hausrotschwänze v. a. im zeitigen Frühjahr antreffen, wenn ein später Schneeeinbruch nach ihrer Rückkehr aus dem Winterquartier für Nahrungsengpässe sorgt.

VERBREITUNG

BRUT Napfnest in Nischen, Löchern oder Höhlungen von Mauern, unter Dachvorsprüngen, in Markisenkästen, auf Simsen oder in Gebäuden wie Schuppen oder Gartenlauben; beziehen auch Halbhöhlen-Nistkästen oder bauen das Nest auf Nistbrettchen

NAHRUNG Insekten, deren Larven und Spinnen, Insektenjagd oft im Flug oder auf dem Boden; im Herbst auch Beeren, Früchte und Samen; nehmen an Fütterungen Weichfresserfutter

BEOBACHTUNGSZEIT/BRUTZEIT

J	F	M	A	M	J	J	A	S	O	N	D

Mönchsgrasmücke

(Sylvia atricapilla)

Die Mönchsgrasmücke ist in Mitteleuropa die häufigste und am weitesten verbreitete Grasmückenart. Nördliche und mitteleuropäische Populationen überwintern meist in Südeuropa und in Afrika, immer mehr auch in Südengland. Inzwischen kann man aber auch in unseren Regionen im Winter immer häufiger Mönchsgrasmücken beobachten. In Ihren Garten locken Sie die guten Sänger am besten mit beerentragenden Sträuchern und Hochstauden sowie dichten Büschen, die sich als Niststandort eignen.

VORKOMMEN lichte Laub- und Nadelwälder, Schonungen, Heckenlandschaften, Parks und Gärten mit Hecken und dichtem Gebüsch, auch in Städten, wenn die Vögel genug Nahrung finden

GRÖSSE Länge 13,5–15 cm, FSW 20–23 cm

MERKMALE oberseits dunkelgrau, unterseits hellgrau mit Stich ins Olive; Männchen mit schwarzer Kopfplatte, Weibchen (Foto) mit rotbrauner Kopfplatte. Rufen hart wiederholt »tzäck« oder »täck«; Gesang aus hastig zwitscherndem und schwätzendem, relativ leisem Vorgesang und wohltönendem, laut flötendem »Überschlag«

Typisch

Die Mönchsgrasmücke hält sich meist verborgen im Gebüsch oder im Kronenbereich von Bäumen auf. In milden Wintern verbleiben vereinzelte Vögel in Mitteleuropa und lassen sich hin und wieder an Fütterungen beobachten.

BRUT zierliches Napfnest in dichtem Gebüsch oder Gestrüpp, niedrig über dem Boden, auch in dichter Wandbegrünung wie Efeu, ist mit den Zweigen der Trägerpflanzen verflochten

NAHRUNG zur Brutzeit Insekten und deren Larven, Spinnen und andere kleine Wirbellose; ab Spätsommer viele Beeren und Früchte; Vögel, die den Winter bei uns verbringen, nehmen an Fütterungen gern Fettfutter, getrocknete Beeren, Fallobst oder Weichfresserfutter

BEOBACHTUNGSZEIT/BRUTZEIT

J	F	M	A	M	J	J	A	S	O	N	D

VERBREITUNG

Grauschnäpper

(Muscicapa striata)

Der unscheinbar gefärbte Grauschnäpper erweist sich bei der Jagd nach Insekten als eleganter Luftakrobat. Bis nach Südafrika zieht der Grauschnäpper ins Winterquartier, von dort kommt er erst relativ spät zurück. Mit Halbhöhlen-Nistkästen kann man ihn in den Garten und auf den Balkon locken. Sie erleichtern den Schnäppern die Nahrungssuche, wenn Sie eine blumenreiche Naturwiese kultivieren sowie einheimische beerentragende Sträucher pflanzen.

VORKOMMEN lichte Laub- und Mischwälder, Waldränder, Feldgehölze, Streuobstflächen, Parks und große Gärten mit alten Bäumen; weit verbreitet, häufig, gebietsweise aber abnehmend

GRÖSSE Länge 13,5–15 cm, FSW 23–25 cm

MERKMALE oberseits graubraun, unterseits weißlich; Geschlechter gleich. Rufen scharf »pst« oder fein »ziieh«, bei Gefahr hektisch »tektektek«; Gesang aus wispernden und kratzigen Tönen

Typisch

In aufrechter Haltung wartet der Grauschnäpper auf einer freien Warte meist im Kronenbereich auf Beute. Sobald ein Insekt vorbeifliegt, startet er, verfolgt es, schnappt es aus der Luft und kehrt damit wieder zur Warte zurück.

BRUT Nest in Höhlungen in Bäumen, etwa hinter abstehender Rinde oder in ausgefaulten Astlöchern, in Mauernischen, auf Dachbalken, unter Dachvorsprüngen; beziehen auch Halbhöhlen-Nistkästen oder legen das Nest auf Nistbrettchen bzw. in dichter Wandbegrünung wie Efeu an

NAHRUNG fliegende Insekten, auch andere Kleintiere und Beeren; besuchen keine Fütterungen

BEOBACHTUNGSZEIT/BRUTZEIT

J	F	M	A	M	J	J	A	S	O	N	D

VERBREITUNG

Goldammer

(Emberiza citrinella)

Die Goldammer, die häufigste Ammer Europas, sucht ihre Nahrung gern auf abgeernteten Getreidefeldern, aber auch auf Brachflächen und Hochstaudenfluren. Nach der Brutzeit streifen die Ammern in kleinen Trupps umher, oft in Gesellschaft von Finken oder Feldlerchen. Da sie durch die intensive landwirtschaftliche Nutzung der Flächen nur noch wenig Nahrung finden, können Sie die Vögel mit Bodenfutterstellen unterstützen.

VORKOMMEN kleinräumige Feldflur mit Hecken, Feldgehölzen und Staudenfluren, auch Waldsäume und lichte Fichtenschonungen, am Rand von Siedlungen auch Parks und Gärten; häufig

GRÖSSE Länge 16–17 cm, FSW 23–29 cm

VERBREITUNG

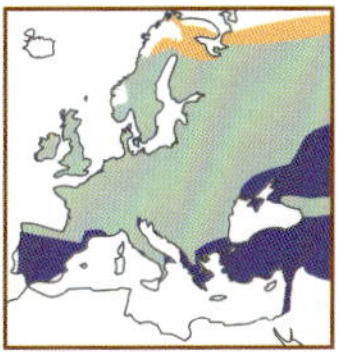

MERKMALE rostbrauner Bürzel, langer Schwanz; Männchen im Prachtkleid leuchtend gelb an Kopf und Unterseite, rostbraunes Brustband, Flanken rostbraun gestrichelt, im Schlichtkleid wie Weibchen; Weibchen weniger Gelb im Kopfgefieder, unterseits stärker gestreift. Rufen »zrik«, »tzü« oder »zürr«; schwermütig klingende Gesangsstrophen mit auf gleicher Höhe bleibenden Tönen und gedehntem Schlussteil, etwa »zizizizi-ziii-düüh«

BRUT umfangreiches napfförmiges Nest bodennah in dichtem Gebüsch oder in einem jungen Baum

NAHRUNG Samen von Gräsern und Getreide, hauptsächlich Hafer, auch andere grüne Pflanzenteile; zur Jungenaufzucht v. a. Insekten und Wirbellose; nehmen an Fütterungen geschrotete Getreidekörner, in Fett getauchte Haferflocken, Hirse oder andere kleinere Sämereien

BEOBACHTUNGSZEIT/BRUTZEIT

J	F	M	A	M	J	J	A	S	O	N	D

Typisch

Am leuchtend gelben Gefieder und dem im Flug gut sichtbaren zimtbraunen Bürzel sind vor allem die Goldammer-Männchen gut zu erkennen. Finden sie in der freien Natur nicht ausreichend Nahrung, erscheinen sie auch an Bodenfutterstellen am Rand von Siedlungen.

Fichtenkreuzschnabel

(Loxia curvirostra)

VERBREITUNG

Markantestes Merkmal des Vogels ist sein Schnabel, bei dem Ober- und Unterschnabel übereinandergekreuzt sind. Er ist ein perfektes Werkzeug, um die Schuppen von Nadelbaumzapfen anzuheben und so an die ölhaltigen Samen zu gelangen. Da Nadelbäume nicht jedes Jahr Zapfen ansetzen, ziehen Fichtenkreuzschnäbel weit umher. Bei der Nahrungssuche klettern sie behände im Gezweig.

VORKOMMEN Nadelwälder und von Nadelbäumen dominierte Mischwälder, v. a. Fichtenwälder, innerhalb von Siedlungen nur in Parks und Gärten mit zapfentragenden Nadelbäumen; weit verbreitet, aber in unterschiedlicher Häufigkeit auftretend, die Brutzeit hängt eng vom Fruchten der Nadelbäume ab

GRÖSSE Länge 16,5–17 cm, FSW 27–30 cm

MERKMALE Männchen überwiegend ziegelrot mit dunklen Flügeln und Schwanz; bei Weibchen sind die Rottöne durch ein gelbliches Grün ersetzt. Flugruf metallisch »kipp kipp« oder »gip gip«; Gesang pfeifend, klirrend, Elemente werden oft zwei- bis dreimal wiederholt

BRUT stabiles Napfnest nah am Stamm in einer Fichte; die Vögel brüten oft schon, wenn noch Schnee liegt

NAHRUNG Samen von Fichten und Tannen, auch von Kiefern oder Lärchen, daneben Laubbaumsamen wie Bucheckern oder Ahornsamen, Samen von Kräutern und Beeren; besuchen Futterhäuschen nur, wenn sie in der Nähe von Wald stehen, nehmen dort Sämereien aller Art

BEOBACHTUNGSZEIT/BRUTZEIT

J	F	M	A	M	J	J	A	S	O	N	D

Typisch

Fichtenkreuzschnäbel sind sehr gesellig. Außerhalb der Brutzeit ziehen sie meist in kleinen Trupps auf der Suche nach reifen Zapfen umher. Dabei halten sie sich im Baumkronenbereich auf. Aufmerksam wird man auf diese munteren Vögel durch ihre fröhlichen, metallischen Rufe.

Kernbeißer

(Coccothraustes coccothraustes)

Der Kernbeißer ist der größte in Europa heimische Finkenvogel mit einem mächtigen dreieckigen Schnabel, der in der Brutzeit bleigrau, im Winter beige gefärbt ist. Mit dessen Hilfe kann er sogar harte Kirsch- oder Pflaumenkerne knacken, das süße Fruchtfleisch wird meistens verschmäht. Da sich Kernbeißer im Sommerhalbjahr bevorzugt in den Baumkronen aufhalten, sind sie trotz ihres relativ bunten Gefieders in dieser Zeit schwer zu beobachten.

VORKOMMEN unterholzreiche Laub- und Mischwälder, auch Streuobstflächen, Friedhöfe, Parks und Gärten, wichtig sind große, alte Laubbäume; verbreitet, aber nicht häufig

GRÖSSE Länge 17–18 cm, FSW 29–33 cm

MERKMALE Schnabel im Prachtkleid bleigrau, im Schlichtkleid hornfarben, helle Flügelbinde, Schwungfedern metallisch blau, weiße Schwanzendbinde; Männchen etwas intensiver gefärbt als Weibchen. Kurze, scharfe »zicks«- oder »zittit«-Rufe, auch im Flug; stammelnder Gesang aus Rufvariationen und nasalen Lauten

BRUT großes, napfförmiges Nest, meist hoch oben in Laubbäumen

NAHRUNG Samen von Laubbäumen, v. a. von Hainbuche und Ahorn, Kerne von Stein- und Kernobst, Knospen und Triebe, zur Brutzeit auch Insekten und deren Larven; nehmen an Futterstellen Körner aller Art, v. a. ölhaltige Samen wie Nüsse, Erdnüsse, Sonnenblumenkerne oder Hanfsamen

Typisch

Auf die scheuen Kernbeißer wird man meist durch ihre scharfen Rufe aufmerksam. Außerhalb der Brutzeit streifen sie in kleinen Trupps umher. Dann sind sie weniger scheu und statten Fütterungen im Randbereich von Siedlungen einen Besuch ab. Dort verhalten sie sich recht zänkisch.

BEOBACHTUNGSZEIT/BRUTZEIT

J	F	M	A	M	J	J	A	S	O	N	D

VERBREITUNG

Erscheint ein Kernbeißer mit seinem mächtigen Schnabel an einer Fütterung, machen ihm die meisten Kleinvögel »bereitwillig« Platz.

Bachstelze

(Motacilla alba)

Trotz ihres Namens kann man die Bachstelze nicht nur an Gewässerufern, wo sie bevorzugt auf Nahrungssuche geht, sondern auch in der offenen Kulturlandschaft antreffen. Immer mehr leben inzwischen in Siedlungen. In kalten Wintern ziehen die meisten mitteleuropäischen Bachstelzen nach Südwesteuropa oder Nordafrika. Manche bleiben aber auch im Winter in ihrem Brutgebiet.

VORKOMMEN offene Kulturlandschaft mit Wiesen, Brachflächen, in Siedlungen und Städten Parks, Parkplätze, Industrieanlagen oder Kiesgruben, auch Gärten; häufig

GRÖSSE Länge 17–19 cm, FSW 26–30 cm

MERKMALE Männchen schwarz-weiß-grau gefärbt, Weibchen weniger kontrastreich; wippen beim Laufen auf dem Boden ständig mit dem langen Schwanz. Typischer zweisilbiger Ruf wie »zwi-lip«, häufig im Flug zu hören; Gesang verhalten zwitschernd und trillernd

BRUT lockeres Nest in Halbhöhlen in der Uferböschung, unter Brücken, in Mauerlöchern, unter Dachziegeln, in Holzstößen, Reisighaufen, Schuppen; in Gärten auch in dichter Wandbegrünung, beziehen Halbhöhlen-Nistkästen an Haus- oder Schuppenwänden

NAHRUNG Insekten, Spinnen und andere kleinere Wirbellose am Ufer von Gewässer, an Straßen- und Wegrändern, im Winter auch Samen; nehmen an Fütterungen auf ein Futterbrett gestreutes Weichfresserfutter oder Fettfutter

VERBREITUNG

BEOBACHTUNGSZEIT/BRUTZEIT

J	F	M	A	M	J	J	A	S	O	N	D

Typisch

Früh aus dem Winterquartier zurückgekehrte Bachstelzen, die von einem Kälteeinbruch überrascht werden, können an Bodenfutterstellen, auch in Gärten, erscheinen. Im Sommer kann ein Teich Bachstelzen in den Garten locken.

Seidenschwanz

(Bombycilla garrulus)

VERBREITUNG

Seidenschwänze sind bei uns nur Wintergäste, die unregelmäßig und in unterschiedlicher Zahl auftauchen – im Norden Deutschlands häufiger als im Süden. Ist der Bruterfolg in ihrer Heimat in Nordskandinavien und Russland hoch und das Nahrungsangebot im Winter gering, dann »überschwemmen« in der kalten Jahreszeit die Seidenschwänze Mitteleuropa invasionsartig zu Hunderttausenden.

VORKOMMEN Brutvogel der nordskandinavischen und russischen Fichten- oder Birkenwälder; bei uns nur Wintergast in Feldgehölzen, Parks und Gärten mit beerentragenden Sträuchern

GRÖSSE Länge 18–20 cm, FSW 32–35 cm

MERKMALE überwiegend rötlich graubraun gefärbt, aufstellbare Federhaube, schwarze Augenmaske, schwarzes Kinn, gelb-weiß-rotes Muster auf dunklen Flügeln, gelbe Schwanzendbinde; Geschlechter gleich. Rufen hoch, schwirrend »sirrrr«; leiser, klingelnder Gesang aus aneinandergereihten Rufen

BRUT dickwandiges Nest, niedrig in einer Fichte versteckt; brüten oft in Kolonien

NAHRUNG zur Brutzeit v. a. Insekten, deren Larven und Spinnen, im Herbst und Winter fast nur Beeren, bevorzugt von Misteln und Ebereschen, daneben hängen gebliebenes Obst; an Futterstellen getrocknete Beeren und Früchte (Hagebutten, Rosinen, Eberesche, Schneeball, Weißdorn) sowie Obst

BEOBACHTUNGSZEIT/BRUTZEIT

J	F	M	A	M	J	J	A	S	O	N	D

Typisch

Seidenschwänze suchen im Winter in Trupps samen- und früchtetragende Sträucher und Bäume auf. Dabei bewegen sich die geselligen Vögel gemächlich im Geäst. Sind die Beeren verzehrt, fliegen sie weiter.

An Fütterungen verhalten sich Seidenschwänze wenig scheu und lassen sich gut beobachten.

Rotdrossel

(Turdus iliacus)

Rotdrosseln, die kleinsten Drosseln Europas, brüten im Sommerhalbjahr in skandinavischen und sibirischen Nadelwäldern, in Fjällbirkenwäldern und in der Tundra. Den Winter verbringen sie in Süd- und Westeuropa, einige Individuen auch in Mitteleuropa. Auf dem Zug oder als Wintergast kann man sie in Parks und Gärten beobachten.

VORKOMMEN lichte skandinavische und sibirische Nadelwälder und Fjällbirkenwälder, Tundra; auf dem Durchzug in lichten Wäldern, Feldgehölzen, gelegentlich in Parks und Gärten

GRÖSSE Länge 21 cm, FSW 33–35 cm

MERKMALE oberseits dunkelbraun, unterseits hell mit dichter dunkelbrauner Strichelung, heller Überaugenstreif, rostrote Flanken und Unterflügeldecken; Geschlechter gleich. Weit tragender, gedehnter Flugruf wie »sie-ip«, der v. a. nachts zu hören ist, wenn die Drosseln ziehen; variabler Gesang aus vier bis sechs flötenden Tönen und rauem Gezwitscher

BRUT Nest halbhoch in Bäumen oder Sträuchern, in der Tundra auf dem Boden

NAHRUNG zur Brutzeit Insekten, deren Larven, Spinnen, Würmer und Schnecken, im Herbst und Winter auch Beeren, in Weinbaugebieten gern Weintrauben; nehmen an Fütterungen, bevorzugt Bodenfutterstellen, getrocknete Beeren und Früchte, Fallobst, Weichfresserfutter

VERBREITUNG

BEOBACHTUNGSZEIT/BRUTZEIT

J F M A M J J A S O N D

Typisch

Durchziehende Rotdrosseln lassen sich gern in beerentragenden Sträuchern und Bäumen nieder. Da sie häufig in Wacholderdrosselschwärmen mitfliegen, suchen sie mit diesen auf Wiesen oder im Falllaub unter Büschen nach Nahrung.

Star

(Sturnus vulgaris)

VERBREITUNG

Nach der Brutzeit sammeln sich die Stare in riesigen Schwärmen, die oft beeindruckende Flugmanöver ausführen, um gemeinsam nach Nahrung zu suchen, und abends zu ihren Schlafplätzen fliegen. Diese können mitten in Städten liegen. Fallen solche Schwärme in Obstgärten und Weinbergen ein, sind sie wegen der Ernteschäden nicht gern gesehen. Den Winter verbringen die meisten Stare im Mittelmeerraum. Immer mehr Individuen bleiben aber in der kalten Jahreszeit hier oder kehren bereits im Februar zurück.

VORKOMMEN Ränder von Laub- und Mischwäldern mit angrenzenden offenen Flächen, Feldgehölze, Heckenlandschaften, Parks und Gärten mit hohen Bäumen; häufig

GRÖSSE Länge 20–21,5 cm, FSW 37–42 cm

MERKMALE schwarzes Gefieder, im Prachtkleid mit metallischem Glanz, im Schlichtkleid dicht weiß getupft, ohne Glanz; Geschlechter gleich. Rufen heiser »rräh«, bei Gefahr hart »pett pett«; abwechslungsreicher, schwätzender, pfeifender Gesang mit vielen Imitationen

BRUT lockeres Nest in Höhlen meist in Bäumen oder unter Dächern; beziehen auch Nistkästen (Starenkästen)

NAHRUNG zur Brutzeit Insekten und deren Larven, Würmer und Schnecken, ab Spätsommer Beeren und Obst sowie Samen, auch Abfälle; besuchen v. a. Bodenfütterungen, kommen aber auch an Futterhäuschen, nehmen in Öl getauchte Haferflocken, getrocknete Beeren, Fettfutter wie Meisenknödel und Weichfresserfutter

BEOBACHTUNGSZEIT/BRUTZEIT

J	F	M	A	M	J	J	A	S	O	N	D

Typisch

Am Boden haben Stare einen etwas wackelnden Gang, dadurch lassen sie sich gut von den ihnen ähnlichen, aber hüpfenden Amseln unterscheiden. Beim Gesangsvortrag vor der Bruthöhle rudern die Männchen heftig mit den Flügeln und sträuben ihr Kehlgefieder.

Grauspecht

(Picus canus)

Grauspecht und Grünspecht (Picus viridis) *sind in Europa die einzigen Spechte mit graugrüner Färbung. Anhand der roten Partien am Kopf lassen sie sich unterscheiden: Während beim Grünspecht beide Geschlechter einen roten Scheitel haben, ist nur beim Grauspecht-Männchen die Stirn rot, dem Weibchen fehlt das Rot ganz.*

VORKOMMEN lichte Laub- und Mischwälder, Feldgehölze, Streuobstflächen, innerhalb von Siedlungen in Parks; weit verbreitet, fehlt aber gebietsweise ganz, Bestände nehmen stark ab

GRÖSSE Länge 25–26 cm, FSW 40–45 cm

MERKMALE Kopf und Unterseite grau, schwarzer Zügel und Bartstreif, Rücken olivgrün; Männchen mit roter Stirn (Foto), Weibchen ohne Rot am Kopf. Kontaktruf rau »kjük«, Gesang abfallend, wehmütig klingend »gü-gü-gü«, auch gereiht, trommeln häufiger und länger als Grünspecht

Typisch

Da Grau- und Grünspechte ihre Nahrung – Ameisen – bevorzugt auf dem Boden suchen, werden sie auch als »Erdspechte« bezeichnet. Der Grauspecht sucht aber auch öfter an Stämmen nach Insekten.

BRUT selbst gezimmerte Höhle im Stamm, meist eines Laubbaums, übernehmen auch alte Spechthöhlen

NAHRUNG im Sommer überwiegend Ameisen auf dem Boden, aber auch andere Insekten an Baumstämmen, im Winter auch Samen und Früchte; Grauspechte kommen häufiger an Fütterungen als Grünspechte, sie verzehren dort Fettfutter, Sämereien, getrocknete Beeren, Obst, bedienen sich auch gern an Fettfutter, das Sie in Rindenritzen streichen

BEOBACHTUNGSZEIT/BRUTZEIT

J	F	M	A	M	J	J	A	S	O	N	D

VERBREITUNG

Der Grauspecht ist zwar seltener als der Grünspecht, kommt aber öfter an Fütterungen. Dort ist er nicht scheu.

Saatkrähe

(Corvus frugilegus)

Saatkrähen sind soziale Vögel, die in oft großen Kolonien brüten und auch gemeinsam auf Nahrungssuche gehen. Außerhalb der Brutzeit bilden sie häufig riesige Schwärme. Die Vögel Mittel- und Westeuropas bleiben im Winter im Brutgebiet. Die Vögel der östlichen und nördlichen Populationen ziehen in strengen Wintern Richtung Westen und Süden und erscheinen dann in Mitteleuropa.

VORKOMMEN Waldränder, Feldgehölze, abwechslungsreiche Kulturlandschaft, auch in Parks; da die Vögel wegen vermeintlicher Schäden in der Landwirtschaft vielerorts bejagt und vergiftet wurden, wodurch die Art stark gefährdet war, zeigen die Bestände inzwischen wieder eine positive Entwicklung

GRÖSSE Länge 44–46 cm, FSW 81–99 cm

MERKMALE schwarzes, metallisch blau schillerndes Gefieder, unbefiederte weißliche Schnabelwurzel, locker abstehendes Bauch-

und Schenkelgefieder; Geschlechter gleich. Tiefe, raue Rufe wie »krah«, »korr« oder »kjah«; leise schwätzender, krächzender Gesang mit schnarrenden Lauten

BRUT große Reisignester meist hoch in Bäumen; Koloniebrüter

NAHRUNG Würmer, Schnecken und andere Wirbellose, Kleinsäuger, Samen, Beeren, Feldfrüchte, Abfälle; nehmen an Bodenfütterungen in Parks alle Arten von Futter, gern Fettfutter, durchwühlen in Gärten Komposthaufen oder stöbern in altem Laub unter Büschen und Sträuchern

Typisch

Ab Herbst versammeln sich Saatkrähen abends häufig in riesigen Schwärmen an traditionellen Schlafplätzen, die auch innerhalb von Städten in Parks liegen können. Morgens verteilen sie sich in der Umgebung zur Nahrungssuche.

VERBREITUNG

BEOBACHTUNGSZEIT/BRUTZEIT

J	F	M	A	M	J	J	A	S	O	N	D

Gäste an
Wasserfütterungen

Teichhuhn

(Gallinula chloropus)

BEOBACHTUNGSZEIT/BRUTZEIT

J	F	M	A	M	J	J	A	S	O	N	D

»Grünfüßiges Hühnchen« bedeutet der wissenschaftliche Name des Teichhuhns übersetzt, damit wird auf seine grünen Beine angespielt. Nach dem Blässhuhn ist das Teichhuhn in Mitteleuropa die zweite Rallenart, die sich dem Menschen angeschlossen hat. Mitten in Städten lebt es an bewachsenen Teichen und Weihern. Während Teichhühner in der freien Natur scheu sind, sich kaum auf offenen Wasserflächen zeigen und sich stets hinter Vegetation verstecken, können sie in der Stadt sehr vertraut werden.

VORKOMMEN Seen und Teiche sowie langsam fließende Flüsse mit üppiger Ufervegetation, auch Dorf- und Parkteiche, selbst mitten in Städten, auch größere Gartenteiche; weit verbreitet, häufig

GRÖSSE Länge 28–32 cm, FSW 50–55 cm

MERKMALE dunkles Gefieder, rotes Stirnschild, roter Schnabel mit gelber Spitze, weiße Linie an den Flanken, grüne Beine und Zehen; Geschlechter gleich. Rufen »kirrek« oder bei Gefahr scharf »kürrk«; in der Balzzeit vor allem nachts ausdauernd »kreck kreck kreck«

BRUT tiefmuldiges Schilfnest, gut versteckt wassernah in der dichten Ufervegetation, gelegentlich auch ganz frei

NAHRUNG v. a. Wirbellose wie Insekten, Würmer und Schnecken, auch Kaulquappen, außerdem Triebe, Samen, Knospen und Früchte von Sumpf- und Wasserpflanzen; an Wasservogelfütterungen hartes Brot, Haferflocken, gehackte Nüsse, geschrotetes Getreide, Grünzeug

VERBREITUNG

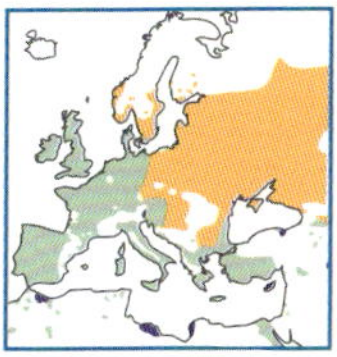

Typisch

Teichhühner besuchen im Winter oft für Singvögel eingerichtete Fütterungen. Werden sie dort erschreckt, flüchten sie in einer Art Flatterlauf in die nächstgelegene Deckung. Auffliegen sieht man sie fast nie.

Lachmöwe

(Larus ridibundus)

Ursprünglich Küstenbewohner, haben sich die Lachmöwen inzwischen auch das Binnenland als Lebensraum erschlossen. Sie leben sogar innerhalb von Städten in Parks und Friedhöfen. Die Vögel schließen sich zu großen Brutkolonien zusammen. Gemeinsam verteidigen sie dort ihre Jungen gegen Feinde. Im Schutz der wehrhaften Lachmöwen siedeln oft auch andere Wasservogelarten wie Sturmmöwen oder Schwarzhalstaucher.

VORKOMMEN Küste, Verlandungsbereiche von Gewässern, Schilfzonen, Moore im Binnenland; außerhalb der Brutzeit Gewässer aller Art, im Winter häufig in Dörfern und Städten; häufig

GRÖSSE Länge 35–38 cm, FSW 95–105

MERKMALE Rücken hellgrau, unterseits weiß; im Prachtkleid mit schokoladenbrauner Kapuze, dunkelrotem Schnabel, dunkelroten Beinen, im Schlichtkleid mit dunklem Ohrfleck auf weißem Kopf,

Im Schlichtkleid ziert den weißen Kopf der Lachmöwe ein dunkler Ohrfleck.

rotem Schnabel mit schwarzer Spitze, roten Beinen; Geschlechter gleich. Rufen oft rau, aggressiv klingend »kwerrr« und »kriääh«, in den Kolonien ohrenbetäubender Lärm, an Futterstellen »kekeke«

BRUT Nest am Boden auf Kiesbänken oder in dichter, nicht zu hoher Vegetation wie Seggenbülten (horstartig wachsende Seggenbestände); brüten oft in großen Kolonien

NAHRUNG Insekten, die sie auch geschickt in der Luft fangen, Würmer und Schnecken, kleine Fische, Krebstiere sowie Aas und Abfälle, auch pflanzliche Nahrung; besuchen Futterstellen für Wasservögel, nehmen trockenes Brot, geschrotetes Getreide, Haferflocken, Grünzeug

VERBREITUNG

BEOBACHTUNGSZEIT/BRUTZEIT

J	F	M	A	M	J	J	A	S	O	N	D

Typisch

Lachmöwen versammeln sich im Winter in großen Schwärmen. Dann belagern sie häufig Seepromenaden. Zum Teil werden sie so zahm, dass sie Futterbrocken aus der Hand fressen. Zugeworfene Brotstücke fangen sie geschickt aus der Luft.

Blässhuhn

(Fulica atra)

Das Blässhuhn ist mit seiner deutlich sichtbaren weißen Hornplatte auf der Stirn, die bis zum Ansatz des gleichfalls weißen Schnabels reicht, leicht zu identifizieren. Im Winter schließen sich die Vögel zu großen Schwärmen zusammen. Zur Brutzeit verteidigen die Paare den Nestbereich aggressiv gegen andere Blässhühner. Bei diesen Rangeleien setzen die Vögel mitunter auch ihre Füße ein. An Wasservogelfütterungen kommen Blässhühner flügelschlagend angeschwommen, sobald sie Besucher mit einer Tüte sehen.

VORKOMMEN stehende und langsam fließende Gewässer mit üppiger Ufervegetation, auch Teiche und Parkgewässer mitten in der Stadt; im Winter auch an der Küste; häufig

GRÖSSE Länge 38–42 cm, FSW 70–80 cm

MERKMALE rundliche Gestalt, schwarzes Gefieder, weißer Schnabel und weiße Blesse (Name!), breite Schwimmlappen an den langen Zehen; Geschlechter gleich. Weibchen rufen laut bellend »köw«, Männchen kurz, hart »pix« bzw. stimmlos platzend »pt«

BRUT großes Nest aus Pflanzenmaterial, meist im seichten Wasser oder im Schutz der Ufervegetation, auch im Wasser frei schwimmend

Typisch

Werden Blässhühner aufgeschreckt, so sieht man sie oft hektisch flügelschlagend auf der Wasseroberfläche davonlaufen. Meist lassen sie sich dann, ohne sich in die Luft zu erheben, wieder auf dem Wasser nieder.

NAHRUNG Wasserpflanzen, im Wasser lebende Insekten und andere Kleintiere, Muscheln, an Land Schilfschösslinge, Pflanzentriebe und Kleintiere wie Insekten, Würmer, Schnecken; fressen im Winter an Wasservogelfütterungen trockenes Brot, geschrotetes Getreide, Haferflocken, Grünzeug

BEOBACHTUNGSZEIT/BRUTZEIT

J	F	M	A	M	J	J	A	S	O	N	D

VERBREITUNG

Sturmmöwe

(Larus canus)

Die Sturmmöwe kommt vor allem an den Küsten der Nord- und Ostsee vor. Seit einigen Jahrzehnten besiedelt sie auch das Binnenland, vereinzelt brütet sie bereits an Binnenseen bis ins Alpenvorland. Gelegentlich erscheinen Sturmmöwen gemeinsam mit Lachmöwen an Wasservogelfütterungen. Von der ähnlichen Silbermöwe unterscheidet sie sich durch den fehlenden roten Fleck am Unterschnabel.

VORKOMMEN meist in Küstennähe gelegene Strandwiesen, Moor- und Heideflächen, Dünen, Klippen mit niedrigem Bewuchs, im Binnenland im Uferbereich von großen Seen und Flüssen

GRÖSSE Länge 40–44 cm, FSW 110–125 cm

MERKMALE Kopf und Unterseite weiß, Oberseite silbergrau, dunkle Augen, gelber Schnabel, grünliche Beine, im Winter an Kopf und Hals bräunlich gestrichelt; Geschlechter gleich. Flugruf durchdringend »kja kja« oder »kjau kjau«, bei Erregung gellend »iiä-iiä-kä-kä«

VERBREITUNG

BRUT Bodennest im niedrigen Bewuchs; brüten an der Küste in kleinen Kolonien, im Binnenland meist einzeln, häufig inmitten von Lachmöwenkolonien

NAHRUNG an Land Würmer, Insekten, Kleinsäuger, die von pflügenden Bauern ans Tageslicht befördert wurden, im Wasser Fische, marine Wirbellose, auch Pflanzenteile, Abfälle; fressen im Winter an Wasservogelfütterungen trockenes Brot und geschrotetes Getreide

BEOBACHTUNGSZEIT/BRUTZEIT

J	F	M	A	M	J	J	A	S	O	N	D

Typisch

In die winterlichen Schwärme der Lachmöwen mischen sich immer wieder einzelne Sturmmöwen. Da sie nur wenig größer sind, fallen sie kaum auf. Sie verhalten sich jedoch viel zurückhaltender.

Reiherente

(Aythya fuligula)

Seit etwa 100 Jahren hat sich die Reiherente bei uns so stark verbreitet, dass sie heute nach der Stockente die zweithäufigste Entenart ist. Die ursprünglich im Osten Russlands heimische Ente folgte bei der Besiedlung ihrer hauptsächlichen Winternahrung, der Wandermuschel, die, an Schiffe geheftet, aus dem Schwarzen Meer bis nach Deutschland gelangte. Auf den Gewässern in städtischen Parks ist sie mittlerweile ein vertrauter Anblick.

VORKOMMEN stehende und langsam fließende Gewässer aller Art, auch Meeresküsten; im Winter oft in großer Zahl auf größeren Seen, auch auf Parkteichen mitten in der Stadt; verbreitet

GRÖSSE Länge 40–45 cm, FSW 67–73 cm

MERKMALE Augen gelb; Männchen schwarz-weiß mit Schopf, Weibchen dunkelbraun mit heller braunen Seiten, Schopf ist kürzer. Zur Balzzeit pfeifen Männchen dünn, Weibchen knarren hart »ärr ärr«

BRUT Bodennest in dichter Vegetation an Ufern von Seen und großen Flüssen, auch auf kleinen Inseln; brüten gelegentlich in größeren Kolonien, häufig in der Nähe von Lachmöwenkolonien

NAHRUNG v. a. Kleintiere wie Muscheln, Schnecken, Würmer, Krebse, Fische und Insektenlarven, seltener Pflanzliches; kommen im Winter häufig an Wasservogelfütterungen, nehmen trockenes Brot, Haferflocken und geschrotetes Getreide

BEOBACHTUNGSZEIT/BRUTZEIT

J	F	M	A	M	J	J	A	S	O	N	D

VERBREITUNG

Typisch

Reiherenten gehören zu den Tauchenten, die ihre Nahrung auf dem Gewässergrund suchen. Haben sie an einer Fütterung einen Brotbrocken ergattert, entziehen sie sich ebenfalls tauchend den gierigen Schnäbeln anderer Enten und Möwen.

Mandarinente

(Aix galericulata)

Ihren Namen verdankt diese farbenfrohe Ente ihrer ostasiatischen Herkunft. Von dort wurde die Art als Ziergeflügel in Europa eingeführt. Die meisten der heute bei uns frei lebenden Mandarinenten sind der Gefangenschaft entkommen oder Nachkommen von Flüchtlingen, in England wurden sie im letzten Jahrhundert sogar gezielt ausgesetzt. Seit einigen Jahren zählt die Mandarinente zu den sporadisch brütenden Vögeln in Mitteleuropa. Mit Nistkästen kann man ihre Ansiedlung unterstützen.

VORKOMMEN von alten Bäumen umstandene Flüsse und Seen mit dichtem Uferbewuchs, v. a. an Parkgewässern

GRÖSSE Länge 41–49 cm, FSW 68–75 cm

Der Name dieser prächtigen Ente geht auf die gelbe Robe hoher chinesischer Staatsdiener zurück.

MERKMALE Männchen im Prachtkleid auffallend bunt mit rotem Schnabel, orangefarbenem Segel und abstehenden, orangefarbenen Federn am Hals, im Schlichtkleid wie Weibchen; Weibchen graubraun, an Brust und Flanken hell gefleckt, mit gelblichem Schnabel. Meist stumm, pfeifender Flugruf; Männchen bei der Balz »pfruip«, Weibchen blässhuhnartig »kett«

BRUT Nest in großen Höhlen in hohen Bäumen direkt am Wasser; beziehen auch Nistkästen

NAHRUNG im Sommer v. a. Wirbellose wie kleine Würmer, im Winter hauptsächlich Samen und Früchte wie Bucheckern oder Eicheln, auch grüne Pflanzenteile

VERBREITUNG

BEOBACHTUNGSZEIT/BRUTZEIT

J	F	M	A	M	J	J	A	S	O	N	D

Typisch

Als typische Baumenten halten sich Mandarinenten öfter auf Ästen in Bäumen auf. Baumhöhlen werden zur Brut genutzt. Die Jungen springen sofort nach dem Schlüpfen auf den Boden und werden von der Mutter zum Wasser geführt.

Stockente

(Anas platyrhynchos)

Stockenten sieht man an allen Arten von Gewässern, meist sind sie sehr standortstreu und bleiben ein Leben lang dort, wo sie geschlüpft sind. Sie sind nicht nur die häufigsten Wasservögel Europas, sondern auch die Enten mit der weitesten Verbreitung, selbst an größeren Gartenteichen brüten sie. Oft paaren sich Stockenten mit Haus- und Flugenten, sodass man in Städten oft mehr Mischlinge mit teils sehr unterschiedlicher Färbung als reinrassige Stockenten sieht.

VORKOMMEN Gewässer aller Art, auch innerhalb von Siedlungen, selbst in Großstädten an Park- und Gartenteichen; häufig, mitteleuropäische Vögel bleiben den Winter über im Brutgebiet, bekommen dann Besuch von Vögeln nördlicher Populationen

Werden Artgenossen irgendwo gefüttert, lockt das Stockenten von allen Ecken des Gewässers an.

GRÖSSE Länge 50–60 cm, FSW 80–95 cm

MERKMALE blauer Flügelspiegel; Männchen im Prachtkleid mit grünem Kopf, kastanienbrauner Brust und graubraunem Rücken, im Schlichtkleid weibchenähnlich, aber mit senfgelbem Schnabel; Weibchen braun gefleckt, dunkler Schnabel. Männchen rufen heiser »räb räb«, hoher Balzpfiff »piuh«, Weibchen quaken laut »waak-waak«

BRUT Nest am Boden, meist in Gewässernähe in der dichten Ufervegetation, auch an Gartenteichen; beziehen auch große Nistkästen

NAHRUNG Schwimm- und Unterwasserpflanzen, Uferpflanzen, kleine Wassertiere wie Würmer, Schnecken, auch Insekten, Nahrungssuche auch an Land; häufig an Wasservogelfütterungen, nehmen alle Getreidearten, Haferflocken, trockenes Brot, Nüsse, Grünzeug

VERBREITUNG

BEOBACHTUNGSZEIT/BRUTZEIT

J	F	M	A	M	J	J	A	S	O	N	D

Typisch

Zur Futtersuche tauchen Stockenten mit Kopf und Vorderkörper ins Wasser, der Schwanz ragt senkrecht aus dem Wasser. »Gründeln« nennt man dieses Verhalten. An Parkgewässern werden Stockenten so zahm, dass sie Menschen um Futter anbetteln.

Graugans

(Anser anser)

Die Graugans gilt als die Stammmutter der Hausgans. Von anderen grau gefärbten Gänsearten wie Saat- oder Blässgans unterscheidet sie sich vor allem im Flug durch die hellgrauen Vorderflügel. Graugänse leben meist halbzahm an Seen und Teichen, innerhalb von Städten auch an Parkgewässern. Häufig kommen sie zusammen mit Kanadagänsen (siehe Seite 182–183) vor, hin und wieder gibt es Mischpaare zwischen beiden Arten. Deren Nachkommen sind aber unfruchtbar.

VORKOMMEN Feuchtgebiete, dicht bewachsene Gewässerufer, Flussniederungen Nord-, Ost- und Mitteleuropas, in Mitteleuropa auch in Parks mit deckungsbietender Ufervegetation; unsere Parkvögel bleiben ganzjährig hier, Brutvögel Nord- und Osteuropas überwintern in Südfrankreich und Spanien

GRÖSSE Länge 75–90 cm, FSW 150–170 cm

MERKMALE überwiegend hell graubraun, helle Federkanten ergeben weiße Bänderung, Unterschwanz und Schwanzende weiß, je nach Unterart mit rosa- oder orangefarbenem Schnabel; Geschlechter gleich. Klangvolle Flugrufe, nasale Rufe ähnlich Hausgänsen

BRUT Bodennest in Gewässernähe, gut versteckt im Uferbewuchs

NAHRUNG Gras, Kräuter, Beeren und Wurzeln an Land, auch Wasser- und Sumpfpflanzen, gründelnd Unterwasserpflanzen; an Wasservogelfütterungen Getreide aller Art, Haferflocken, trockenes Brot, Grünzeug

Typisch

An Wasservogelfütterungen sind die geselligen Graugänse regelmäßig vertreten – meist gemeinsam mit Kanadagänsen sowie Stockenten und Blässhühnern. Nähern sich ihnen Spaziergänger oder deren Hunde, so wehren sie diese durch lautes Fauchen, Schnabelhiebe oder heftige Flügelschläge ab.

BEOBACHTUNGSZEIT/BRUTZEIT

J	F	M	A	M	J	J	A	S	O	N	D

VERBREITUNG

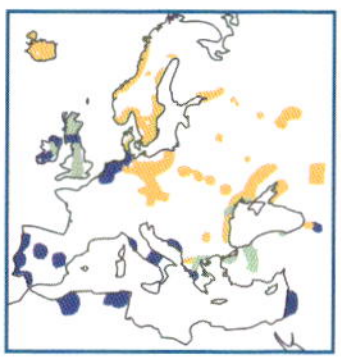

Ursprünglich gab es nur im Norden und Osten Deutschlands Graugänse. Durch Aussetzungen haben sie sich über das ganze Land verbreitet.

Kanadagans

(Branta canadensis)

Die ursprünglich aus Nordamerika stammende Kanadagans wurde ab dem 17. Jahrhundert auf den britischen Inseln, später in Nordeuropa angesiedelt. Seit den 1970er-Jahren brütet sie in Deutschland. Heute ist sie in Europa mit einem Gewicht von 5 bis 8 Kilogramm die größte frei lebende Gänseart. Sowohl im Flug als auch beim Schwimmen fallen der schwarze, lange Hals und das weiße Kinnband auf.

VORKOMMEN Seen und größere Teiche, auch Parkgewässer in Städten mit baumbestandenen Uferbereichen und angrenzenden Grasflächen, auf denen sie weiden; in Europa weiter in Ausbreitung begriffen, häufig

GRÖSSE Länge 90–100 cm, FSW 150–180 cm

VERBREITUNG

MERKMALE Kopf und Hals schwarz, weißer Bereich an Kinn und Wangen, Brust weiß, Rücken und Bauch dunkel graubraun; Geschlechter gleich. Durchdringendes Triumphgeschrei

BRUT großes Nest aus Wasserpflanzen, meist am Ufer von Seen in dichter Vegetation, aber leicht erhöht für gute Rundumsicht; bilden hin und wieder kleine Kolonien

NAHRUNG Gräser und Kräuter sowie Sämereien am Ufer weidend, Wasserpflanzen im Seichtwasser gründelnd; an Wasservogelfütterungen trockenes Brot, Getreide aller Art, Haferflocken, Grünzeug

Typisch

Kanadagänse werden sehr zutraulich und lassen sich füttern. Oft weiden sie in großen Trupps auf ufernahen Wiesen. Im Flug bilden sie wie Graugänse V-Formationen oder schräge Linien.

BEOBACHTUNGSZEIT/BRUTZEIT

J	F	M	A	M	J	J	A	S	O	N	D

Höckerschwan

(Cygnus olor)

Der Höckerschwan ist der größte Entenvogel Europas. Wegen seiner anmutigen Pose mit leicht s-förmig geschwungenem Hals wurde er als beliebter Zier- und Parkvogel in vielen Teilen Europas eingebürgert. Mittlerweile hat sich eine stabile Population frei lebender Paare gebildet. Die Schwäne Mitteleuropas verbringen den Winter im Brutgebiet und lassen sich an eisfreien Gewässern füttern.

VORKOMMEN Seen und Flüsse mit bewachsenem Ufer des Tieflands, auch mitten in Städten an Parkgewässern; verbreitet, nördliche Populationen sind Zugvögel

GRÖSSE Länge 145–160 cm, FSW 210–240 cm

MERKMALE reinweiß, rotorangener Schnabel mit schwarzer Basis und Schnabelhöcker; Geschlechter gleich gefärbt, jedoch Männchen

mit größerem schwarzem Schnabelhöcker. Zur Brutzeit zischende, schnarchende und fauchende Laute, sonst stumm

BRUT großer Nesthaufen aus Wasserpflanzen, bis zu 2 m im Durchmesser, meist im Uferbereich

NAHRUNG Wasser- und Sumpfpflanzen, Gras, erreicht beim Gründeln mit dem langen Hals noch in 1 m Wassertiefe Bodenpflanzen; im Winter oft in großen Scharen futterzahm an Wasservogelfütterungen, nehmen trockenes Brot, Getreide, Haferflocken, Grünzeug

VERBREITUNG

BEOBACHTUNGSZEIT/BRUTZEIT

J	F	M	A	M	J	J	A	S	O	N	D

Typisch

Wagt sich ein anderer Wasservogel in das Revier, wird er mit aufgestellten Flügeln schnell schwimmend vertrieben. Zur Not läuft der Schwanenmann laut platschend über das Wasser auf den Eindringling zu.

Register

Bildnachweis

Cover: Birdimagency (bia) / Peter Hering
U4: ddp images – bia / Jan Wegener - prisma
Illustrationen: Johann Brandstetter, www.johann-brandstetter.com, Maria Mähler/www.maria-maehler.de (Klappe hinten, außen)

Alimdi: 55; **bia/ Folkert Christoffers:** 58, 77, 92-93, 104, 106-107, 133, 137; **bia/ Thomas Harbig:** 97, 119, 127, 128, 174, 185; **bia/ Peter Hering:** 28-1, 28-2, 28-3; **bia/ Thomas Hinsche:** 10, 11, 25, 39; 111; **bia/ Anton Luhr:** 158; **bia/ Thomas Marth:** 82-83, 86; **bia/ Ralph Martin:** 6-7, 156-157; **bia/ Alan Murphy:** 134; **bia/ Werner Oppermann:** 78; **bia/ Chris Romeiks:** 138-139; **bia/ Nick Saunders:** 154; **bia/ Jiří Sláma:** 32; **bia/ Marion Vollborn:** 76; **bia/ Jan Wegener:** 17, 28-4, 90-91, 100, 141, 152, 185; **bia/ Kevin Winterhoff:** 112-113, 146-147; **bia/ Tim Zurowski:** 158; **ddp:** 30; **dpa:** 14, 22-23, 40; **Florapress:** 26, 41, 44, 45, 46; **FLPA:** 80-81, 116, 161; **Fotonatura:** 178, 180; **Getty:** 49-1, 124-125; **Hippocampus Bildarchiv/ Werner Eigelshofen:** 87, 88-89, 99, 105, 114, 131, 168, 169, 179; **Hippocampus Bidarchiv/ Frank Teigler:** 29, 33, 52, 94-95; **imago:** 9, 16, 19; **Mauritius:** 4-5, 18, 34, 36, 49-2, 74-75; **nature picture library:** 12, 13, 20, 43, 108, 151, 164-165, 167, 170-171, 182-183; **NHPA:** 103, 121, 142, 173; **photolibrary.ae:** 84-85, 162, 163, 176, 177; **Premium:** 15; **Prisma:** 3, 21, 35, 37, 47, 56, 122-123; **Stephan Rech:** 24; **Ullstein:** 145;

Service

Adressen

DEUTSCHLAND
Bund für Umwelt und Naturschutz
Deutschland e.V. (BUND)
Bundesgeschäftsstelle
Am Köllnischen Park 1
D-10179 Berlin
Tel. +49 30 275 86-40
www.bund.net

Naturschutzbund Deutschland e.V.
(NABU)
Postfach
D-10108 Berlin
www.nabu.de

Landesbund für Vogelschutz in Bayern
(LBV)
Eisvogelweg 1
D-91161 Hilpoltstein
Tel: +49 81 74 47 74-0
www.lbv.de

Heinz Sielmann Stiftung
Gut Herbigshagen
D-37115 Duderstadt
www.sielmann-stiftung.de

ÖSTERREICH
Naturschutzbund Österreich
Museumsplatz 2,
A-5020 Salzburg,
Tel.: +43 662 64 29 09
www.naturschutzbund.at

BirdLife Österreich –
Gesellschaft für Vogelkunde
Museumsplatz 1/10/8
A-1070 Wien
Tel. +43 01 523 46 51
www.birdlife.at

SCHWEIZ
Schweizerische Gesellschaft für
Vogelkunde und Vogelschutz (Ala)
Postfach, CH-6204 Sempach
Tel. +41 264 96 35 37
www.ala-schweiz.ch

Schweizer Vogelschutz SVS/
BirdLife Schweiz
Wiedingstr. 78, Postfach
CH-8036 Zürich
Tel. +41 444 57 70 20
www.birdlife.ch

Internet-Adressen

www.wildvogelhilfe.org
www.tierschutzbund.de
www.lfu.bayern.de/umweltwissen

Bücher

Bergmann, H.-H./Helb, H.-W./ Baumann, S.: Die Stimmen der Vögel Europas. AULA Verlag, Wiebelsheim
Hayman, P./Hume, R.: Vögel – 430 Arten Europas. Kosmos Verlag, Stuttgart
Svensson, L./Grant, P. J./Mullarney, K./Zetterström, D.: Vögel Europas, Nordafrikas und Vorderasiens. Kosmos Verlag, Stuttgart

Zeitschriften

Der Falke, das Journal für Vogelbeobachter. AULA Verlag, Wiebelsheim
Vögel, Magazin für Vogelbeobachtung. dwj Verlag, Blaufelden
natur + kosmos, Konradin Medien, Leinfelden-Echterdingen